# 集约化养殖粪污污染
# 综合防治技术研究与应用

张克强　杜连柱　高文萱　等　著

科学出版社

北京

# 内 容 简 介

集约化养殖粪污污染防治是畜牧业绿色发展、产业转型的关键，科技创新是推动集约化养殖粪污污染防治的原动力。本书介绍了畜禽养殖污染控制与粪污利用整体解决方案、畜禽养殖粪污收储运技术和设备、畜禽养殖粪污养分高效转化技术和设备、基于养殖污染控制与废弃物资源化利用的快速检测技术和设备，为我国集约化畜禽养殖污染防治、粪污资源化利用和农业面源污染治理提供了方法和技术支持。

本书既可作为农业环境保护科学研究者和技术推广人员的工具书，又可作为养殖场经营者和管理者的参考书。

**图书在版编目(CIP)数据**

集约化养殖粪污污染综合防治技术研究与应用/张克强等著. —北京：科学出版社，2024.6
ISBN 978-7-03-076682-3

Ⅰ.①集… Ⅱ.①张… Ⅲ.①畜禽-粪便处理 Ⅳ.①X713

中国国家版本馆 CIP 数据核字（2023）第 197850 号

责任编辑：吴卓晶 / 责任校对：赵丽杰
责任印制：吕春珉 / 封面设计：东方人华平面设计部

科 学 出 版 社 出版
北京东黄城根北街 16 号
邮政编码：100717
http://www.sciencep.com

北京中科印刷有限公司印刷
科学出版社发行 各地新华书店经销
*
2024 年 6 月第 一 版 开本：B5（720×1000）
2024 年 6 月第一次印刷 印张：11 1/4
字数：224 000
定价：116.00 元
（如有印装质量问题，我社负责调换）
销售部电话 010-62136230 编辑部电话 010-62143239（BN12）

# 本书编委会

主　任：张克强　杜连柱　高文萱

副主任：吴根义　黄光群　李裕元　赵　润　盛　婧
　　　　姚宗路

委　员（按姓氏拼音排序）：

# 前　言

改革开放以来，我国畜禽养殖业发展迅速，城乡居民膳食结构不断改善，营养水平逐渐提高，因此肉蛋奶等食品消费量显著增加。进入21世纪，全国畜禽养殖量增速加快，养殖总量（折合生猪当量）由第一次全国污染源普查的4.41亿头增加到第二次全国污染源普查的8.11亿头，增幅达到84%。养殖主体格局发生剧变，散养场户加速退出，规模化养殖快速发展，组织化程度和集约化程度显著提升。2020年，全国畜禽养殖规模化率达到67.5%，较2015年提高了13.6%。

然而，畜禽养殖业的快速发展带来了严重的环境污染问题。全国每年畜禽粪污总量近40亿吨，畜禽养殖业化学需氧量排放量占农业源排放量比例达到93.76%，总磷（TP）、总氮（TN）和氨氮的排放量分别占农业源总排放量的56.46%、42.14%和51.30%。其中，规模养殖场水污染物的化学需氧量、氨氮、TN和TP排放量分别为604.83万吨、7.50万吨、37.00万吨和8.04万吨，分别占畜禽养殖业总排放量的60.45%、67.63%、62.05%和67.17%。畜禽养殖已成为农业面源污染的主要来源。

国家长期高度重视畜禽养殖污染问题，相继出台多项法律法规，逐步加强对畜禽养殖污染防治的要求。国务院2013年公布《畜禽规模养殖污染防治条例》，2015年正式发布《水污染防治行动计划》（简称"水十条"），2016年出台《土壤污染防治行动计划》（简称"土十条"），对畜禽养殖污染防治提出了更加严格的要求，明确提出强化畜禽养殖污染防治、加强畜禽粪便综合利用。2018年，农业部相继制定了《畜禽粪污土地承载力测算技术指南》和《畜禽规模养殖场粪污资源化利用设施建设规范》，进一步明确"以粪污无害化处理、粪肥全量化还田为重点"，要求到2025年、2035年畜禽粪污综合利用率分别达到80%、90%。

为了落实国家的各项政策措施，"十三五"期间科学技术部按照"基础研究、共性关键技术研究、技术集成创新研究与示范"全链条一体化设计，组织实施了"农业面源和重金属污染农田综合防治与修复技术研发"重点项目。其中，"集约化养殖粪污污染综合防治技术与装备研发"项目由农业农村部环境保护科研监测所牵头，组织了生态环境部华南环境科学研究所、中国农业大学、中国科学院亚热带农业生态研究所、江苏省农业科学院、农业农村部规划设计研究院等25家科研单位、大专院校和大型企业开展联合攻关，建立了养殖场尺度的规划布局标准，明确了用于粪污收储运、高效转化、农田安全利用的关键技术和设备，构建了适合我国集约化养殖特色的养殖场综合养分管理系统，制订了源头控制—过程减量—高效转化—农田利用全链条的集约化养殖粪污污染综合防治整体解决方案。作者在总结凝练项目成果的基础上著成本书。

　　本书共分为 4 章，第 1 章主要介绍畜禽养殖污染控制与粪污利用整体解决方案，第 2 章主要介绍畜禽养殖粪污收储运技术和设备，第 3 章主要介绍畜禽养殖粪污养分高效转化技术和设备，第 4 章主要介绍基于养殖污染控制与废弃物资源化利用的快速检测技术和设备。

　　由于作者水平和时间有限，书中难免存在不足之处，敬请广大读者批评指正。

作　者

2023 年 6 月

# 目　　录

第1章　畜禽养殖污染控制与粪污利用整体解决方案 ·······················1

　1.1　区域畜禽养殖粪污环境污染控制方案 ··························1

　　1.1.1　区域畜禽养殖总量控制方法——资源环境承载力核算方法 ······1

　　1.1.2　集约化畜禽养殖粪污综合防治解决方案 ··················10

　1.2　畜禽养殖场粪污减量与资源利用方案 ······················44

　　1.2.1　选址方案 ········································44

　　1.2.2　功能区布局方案 ···································49

　　1.2.3　畜禽养殖粪污养分管理方案 ··························53

第2章　畜禽养殖粪污收储运技术和设备 ························70

　2.1　奶牛养殖场粪污收储运技术和设备 ························70

　　2.1.1　绿色智能型畜禽养殖粪污贮存/好氧发酵技术和设备 ·······70

　　2.1.2　挤奶厅酸碱洗液分类收集和循环利用 ·················79

　2.2　生猪养殖场粪污收储运技术和设备 ························85

　　2.2.1　移动地板式粪尿分离收运技术 ·······················85

　　2.2.2　漏缝地板式粪尿分离收运技术 ·······················92

　　2.2.3　生猪养殖场粪污智能化负压收集转运技术和设备 ··········103

第3章　畜禽养殖粪污养分高效转化技术和设备 ·················110

　3.1　养殖污水养分植物高效转化相关技术 ·····················110

　　3.1.1　养殖污水养分水生植物高效转化技术 ·················110

　　3.1.2　绿狐尾藻采收与饲料化利用技术和设备 ···············118

　3.2　养殖污水氮、磷高效提取技术 ···························126

　3.3　养殖污水定向转化有机酸技术 ···························130

第4章　基于养殖污染控制与废弃物资源化利用的快速检测技术和设备 ···135

　4.1　集约化养殖场气体污染物原位速测技术和设备 ···············135

　4.2　基于近红外光谱的粪污氮、磷含量现场速检技术和设备 ·········142

4.3 集约化养殖场粪污重金属现场快速检测技术和设备 ·····················150

4.4 集约化养殖场粪污微生物现场快速检测技术和设备 ·····················157

**参考文献** ······························································································165

# 第1章　畜禽养殖污染控制与粪污利用整体解决方案

## 1.1　区域畜禽养殖粪污环境污染控制方案

### 1.1.1　区域畜禽养殖总量控制方法——资源环境承载力核算方法

#### 1. 技术背景

当前对于畜禽养殖承载量，主要根据配套土地对粪污的消纳能力进行核算，未全面整合区域环境需求、资源供给等因素，因此现有畜禽养殖承载量核算方法难以满足畜牧业与环境保护协调发展的需求。近年来，国家提出以资源化利用为主体的养殖污染治理思路（董红敏，2017），鼓励通过能源化和肥料化途径实现养殖粪污的就近就地资源化利用（宣梦等，2018）。因此，在畜禽科学养殖、合理布局的基础上，形成基于资源环境全要素的区域畜禽养殖总量控制方法显得尤为重要。

本章中提出的区域畜禽养殖总量控制方法（即资源环境承载力核算方法）（李巧巧，2014），不仅将区域土地对畜禽养殖粪污的消纳能力作为评价的边界条件（邹晨昕等，2019），还将限制畜禽养殖活动的水资源、粮食资源、环境质量、经济社会条件、政策支持等因素考虑在内。该核算方法具有系统性、科学性和实操性，顺应了当前关于农业绿色发展的要求，为各地开展科学养殖提供了技术支撑。

#### 2. 主要技术成果

1）主要内容

通过对国内外有关文献进行梳理，综合我国畜禽养殖行业实际情况，将畜禽养殖资源环境承载力评价指标体系分为 3 个层次（王甜甜，2012）（图 1-1）：①目标层——畜禽养殖资源环境承载力评价；②准则层——资源环境类指标（$B_1$）、社会发展类指标（$B_2$）、畜禽养殖类指标（$B_3$）；③指标层——用于反映自然资源、环境质量、社会经济、畜禽养殖状况的具体指标，如养殖用水资源占有量、水环境质量达标率等。

| 目标层 | 准则层 | 指标层 |

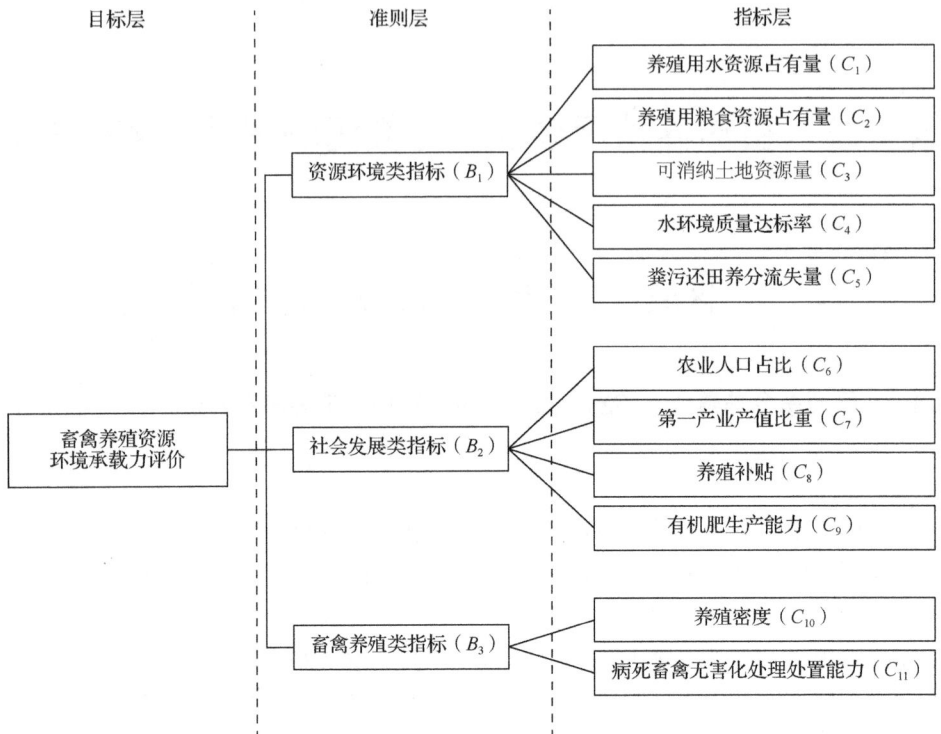

图 1-1 畜禽养殖资源环境承载力评价指标体系

（1）资源环境类指标（$B_1$）。

① 养殖用水资源占有量（$C_1$）。畜禽养殖行业在牲畜饲养、圈舍冲洗等方面都需要消耗水资源。养殖用水资源占有量应与区域可开发利用水资源总量相匹配（李璇，2012），综合考虑区域工业、农业、居民生活、生态用水的需求，根据养殖实际用水量与区域可用于畜禽养殖的水资源量的比值，衡量区域水资源对畜禽养殖行业的支撑作用。

② 养殖用粮食资源占有量（$C_2$）。区域可供给的粮食资源总量包括供给居民生活、工业生产、畜禽养殖的粮食和粮食储备等。将畜禽养殖的粮食实际消耗量占区域粮食消费总量的比重（即养殖用粮食资源占有量），与《国家粮食安全中长期规划纲要（2008—2020 年）》中提出的 2020 年饲料用量占粮食消费总量比重的预测值进行对比，从保障区域粮食安全的角度出发，衡量区域粮食资源供给对畜禽养殖行业的支撑作用。

③ 可消纳土地资源量（$C_3$）。畜禽养殖粪污中含有的氮、磷营养物质可供给农作物生长。还田利用是环境影响最小、最经济的养殖粪污处理处置方式。将养殖产生的粪肥供给量与区域粪肥养分需求量进行比较，衡量区域土地资源对畜禽养殖粪污的消纳能力。

④ 水环境质量达标率（$C_4$）。对区域所有地表水县级以上监测断面水质月均值监测结果与水质目标进行比较评价,其整体达标率反映了区域水环境质量现状。将当前水环境质量达标率与区域水环境质量目标进行比较,如果水环境质量现状优于区域水资源质量目标,则当地涉水产业仍有一定发展空间;如果水环境质量现状劣于区域水资源质量目标,则当地涉水产业已经超过了当地水环境的容量,需要加强产业调整和污染治理。

⑤ 粪污还田养分流失量（$C_5$）。对畜禽养殖粪污进行还田利用,在降雨、灌溉等作用下会产生地表径流,未被作物利用的养分随径流从土壤转移至水环境中,从而对水体产生污染。计算区域粪污还田养分流失量,将其与区域分配给畜禽养殖的水环境容量进行比较,衡量区域水环境容量对养殖粪污中氮、磷流失带来的污染的承载力。

（2）社会发展类指标（$B_2$）。

① 农业人口占比（$C_6$）。畜禽养殖行业的发展依赖从业人口资源,其依赖程度受养殖规模、集约化程度的影响。将区域农业人口占比与养殖大省（山东、河南、河北、四川、湖南）的平均农业人口占比进行比较,衡量区域人口资源对畜禽养殖行业的支撑作用。

② 第一产业产值比重（$C_7$）。第一产业产值比重反映了农业生产在区域经济发展中所起的作用。综合全国各省（自治区、直辖市）的情况发现,第一产业产值比重越高的区域,畜禽养殖业越发达。因此,将区域第一产业产值比重与养殖大省（山东、河南、河北、四川、湖南）的平均第一产业产值比重进行比较,衡量区域产业结构对畜禽养殖行业的支撑作用。

③ 养殖补贴（$C_8$）。养殖补贴对发展畜禽养殖业具有促进作用。通过区域现有单位畜禽获取的实际补贴金额与实际单位畜禽养殖所需成本的比值,衡量补贴政策对畜禽养殖业的支撑作用。

④ 有机肥生产能力（$C_9$）。将畜禽养殖粪污加工生产成有机肥,可以有效促进畜禽粪污的资源化利用,大幅削减畜禽养殖粪污的排放量。有机肥外运同时弥补了区域消纳土地资源量不足的缺陷。因此,将区域现有的有机肥产能与全部畜禽粪污转化为有机肥的量进行比较,衡量区域有机肥生产能力对畜禽养殖粪污的消纳能力。

（3）畜禽养殖类指标（$B_3$）。

① 养殖密度（$C_{10}$）。通过区域养殖场实际占地面积与区域可供养殖场建设用地的比值,衡量区域建筑用地对畜禽养殖行业的支撑作用。

② 病死畜禽无害化处理处置能力（$C_{11}$）。畜禽养殖业受动物疫病影响较大,因此及时、高效、安全地处理处置病死畜禽对养殖业的健康发展至关重要。用近10 年区域畜禽养殖最大年病死率与当前养殖存栏数量,计算年畜禽养殖最大病死

数量,再将其与区域病死畜禽无害化处理处置能力进行对比,衡量区域病死畜禽无害化处理处置能力是否满足需求。

2)主要技术参数与竞争优势

采用专家打分法与层次分析法对该指标体系中的各指标进行赋值,如表 1-1~表 1-4 所示。

表 1-1 畜禽养殖资源环境承载力指标体系一级指标权重计算结果

| 一级指标 | 资源环境类指标($B_1$) | 社会发展类指标($B_2$) | 畜禽养殖类指标($B_3$) | $W_B$ | CR |
|---|---|---|---|---|---|
| 资源环境类指标($B_1$) | 1.000 | 2.511 | 2.709 | 0.563 | |
| 社会发展类指标($B_2$) | 0.398 | 1.000 | 1.589 | 0.255 | 0.016 |
| 畜禽养殖类指标($B_3$) | 0.369 | 0.629 | 1.000 | 0.183 | |

注:$W_B$ 为一级指标权重值,CR 为一致性检验结果。

表 1-2 资源环境评价指标判断矩阵与权重

| 资源环境类指标($B_1$) | 养殖用水资源占有量($C_1$) | 养殖用粮食资源占有量($C_2$) | 可消纳土地资源量($C_3$) | 水环境质量达标率($C_4$) | 粪污还田养分流失量($C_5$) | $W_C$ | CR |
|---|---|---|---|---|---|---|---|
| 养殖用水资源占有量($C_1$) | 1.000 | 1.000 | 0.140 | 0.110 | 1.000 | 0.040 | |
| 养殖用粮食资源占有量($C_2$) | 1.000 | 1.000 | 0.140 | 0.110 | 1.000 | 0.040 | |
| 可消纳土地资源量($C_3$) | 7.000 | 7.000 | 1.000 | 2.500 | 7.000 | 0.451 | 0.097 |
| 水环境质量达标率($C_4$) | 9.000 | 9.000 | 0.400 | 1.000 | 9.000 | 0.345 | |
| 粪污还田养分流失量($C_5$) | 5.000 | 5.000 | 0.200 | 0.200 | 1.000 | 0.125 | |

注:$W_C$ 为二级指标权重值,CR 为一致性检验结果。

表 1-3 社会发展评价指标判断矩阵与权重

| 社会发展类指标($B_2$) | 农业人口占比($C_6$) | 第一产业产值比重($C_7$) | 养殖补贴($C_8$) | 有机肥生产能力($C_9$) | $W_C$ | CR |
|---|---|---|---|---|---|---|
| 农业人口占比($C_6$) | 1.000 | 2.000 | 0.330 | 0.200 | 0.109 | |
| 第一产业产值比重($C_7$) | 0.500 | 1.000 | 0.200 | 0.170 | 0.065 | |
| 养殖补贴($C_8$) | 3.000 | 5.000 | 1.000 | 0.330 | 0.270 | 0.098 |
| 有机肥生产能力($C_9$) | 5.000 | 6.000 | 3.000 | 1.000 | 0.556 | |

注:$W_C$ 为二级指标权重值,CR 为一致性检验结果。

**表 1-4　畜禽养殖评价指标判断矩阵与权重**

| 畜禽养殖类指标（$B_3$） | 养殖密度（$C_{10}$） | 病死畜禽无害化处理处置能力（$C_{11}$） | $W_C$ | CR |
|---|---|---|---|---|
| 养殖密度（$C_{10}$） | 1.000 | 5.000 | 0.833 | 0.010 |
| 病死畜禽无害化处理处置能力（$C_{11}$） | 0.200 | 1.000 | 0.167 | |

注：$W_C$ 为二级指标权重值，CR 为一致性检验结果。

（1）资源环境类指标（$B_1$）。

① 养殖用水资源占有量（$C_1$）。养殖用水资源占有量为区域集约化畜禽养殖总用水量与区域可供给畜牧业使用的水资源量之间的比值。对于区域可供给畜牧业使用的水资源量，可采用区域第一产业用水计划指标与区域畜牧业产值占第一产业的产值比重进行计算（曾维华等，2020）。

$$C_1 = \frac{区域集约化畜禽养殖总用水量}{区域第一产业用水计划指标 \times 区域畜牧业产值占第一产业的产值比重} \quad (1\text{-}1)$$

该指标为负向指标，数值越大，表明区域畜禽养殖资源环境承载力越低。根据《资源环境承载能力监测预警技术方法（试行）》，当 $C_1 > 1$ 时，该指标为超载；当 $0.9 < C_1 \leq 1$ 时，该指标为临界超载；当 $C_1 \leq 0.9$ 时，该指标为不超载。

② 养殖用粮食资源占有量（$C_2$）。养殖用粮食资源占有量为养殖用粮食总量占区域粮食消费总量的比重与《国家粮食安全中长期规划纲要（2008—2020 年）》中 2020 年饲料用粮占全国粮食消费量的比重（36%）的比值。

$$C_2 = \frac{养殖用粮食总量占区域粮食消费总量的比重}{36\%} \quad (1\text{-}2)$$

该指标为负向指标，数值越大，表明区域畜禽养殖资源环境承载力越低。根据《资源环境承载能力监测预警技术方法（试行）》，当 $C_2 > 1$ 时，该指标为超载；当 $0.9 < C_2 \leq 1$ 时，该指标为临界超载；当 $C_2 \leq 0.9$ 时，该指标为不超载。

③ 可消纳土地资源量（$C_3$）。可消纳土地资源量为养殖产生的粪肥供给量与区域粪肥养分需求量之间的比值。

$$C_3 = \frac{养殖产生的粪肥供给量}{区域粪肥养分需求量} \quad (1\text{-}3)$$

式中，

养殖产生的粪肥供给量=(各种畜禽存栏量×各种畜禽氮（磷）排泄量)
×养分留存率

区域粪肥养分需求量=(每种植物总产量×单位产量养分需求量)
×施肥供给养分占比×粪肥占施肥比例/粪肥当季利用率

该指标为负向指标，数值越大，表明区域畜禽养殖资源环境承载力越低。根据《资源环境承载能力监测预警技术方法（试行）》，当 $C_3>1.15$ 时，该指标为超载；当 $1.1<C_3\leqslant1.15$ 时，该指标为临界超载；当 $C_3\leqslant1.1$ 时，该指标为不超载。

④ 水环境质量达标率（$C_4$）。水环境质量达标率为区域水环境质量达标率与区域水环境质量目标的比值。

$$C_4=\frac{\text{区域水环境质量达标率}}{\text{区域水环境质量目标}} \tag{1-4}$$

式中，

区域水环境质量达标率=区域所有断面达标月份总和/(区域断面数量×12)

该指标为正向指标，数值越大，表明区域畜禽养殖资源环境承载力越高。根据《资源环境承载能力监测预警技术方法（试行）》，当 $C_4<1$ 时，该指标为超载；当 $1\leqslant C_4<1.2$ 时，该指标为临界超载；当 $C_4\geqslant1.2$ 时，该指标为不超载。

⑤ 粪污还田养分流失量（$C_5$）。计算区域粪污还田养分流失量后，从区域水环境容量中扣除工业源排放量、城镇生活源排放量、农村生活源排放量，即为农业生产的污染物排放量。从产业经济效益带来的污染排放贡献的角度出发，用农业生产的污染物排放量乘以畜牧业占农业产值的比重，计算区域水环境容量可分配给畜禽养殖的污染排放量，再将区域畜禽养殖粪污流失量与之对比。

$$C_5=\frac{\text{区域畜禽养殖粪污流失量}}{(\text{区域水环境容量}-\text{工业源排放量}-\text{城镇生活源排放量}-\text{农村生活源排放量})\times\text{畜牧业占农业产值比重}} \tag{1-5}$$

式中，

$$\begin{aligned}\text{区域畜禽养殖粪污流失量}=&\text{养殖量（猪当量）}\times[\text{养殖污染物流失率}\\&\times\text{污染物产生系数}+(\text{污染物产生系数}-\\&\text{污染物排放系数})\times\text{粪肥还田率}\times\\&\text{粪肥还田流失率}]\end{aligned} \tag{1-6}$$

$$\begin{aligned}\text{区域水环境容量}=&\sum\left[\text{水质目标浓度值}-\text{初始断面浓度值}\times\exp^{\left(\frac{\text{污染物衰减系数}\times\text{沿河纵向距离}}{\text{河道流速}}\right)}\right]\\&\times(\text{初始断面流量}+\text{污水入河排放量})\end{aligned} \tag{1-7}$$

其中，exp 是指以自然常数 e 为底的指数函数。

该指标为负向指标，数值越大，表明区域畜禽养殖资源环境承载力越低。根据《资源环境承载能力监测预警技术方法（试行）》，当 $C_5>1$ 时，该指标为超载；当 $0.9<C_5\leqslant1$ 时，该指标为临界超载；当 $C_5\leqslant0.9$ 时，该指标为不超载。

计算该指标的污染物排放量采用《中华人民共和国环境保护税法》中污染物

当量值的计算方法，根据畜禽养殖业的污染排放特征，选取化学需氧量、氨氮排放量、总氮排放量、总磷排放量 4 项指标来计算污染物当量值，将氨氮、总氮、总磷排放量分别按照 0.8、0.8 和 0.25 折算成化学需氧量当量。

（2）社会发展类指标（$B_2$）。

① 农业人口占比（$C_6$）。农业人口占比为区域农业人口占比与养殖大省（山东、河南、河北、四川、湖南）平均农业人口占比的比值。

$$C_6 = \frac{区域农业人口占比}{养殖大省平均农业人口占比} \tag{1-8}$$

式中，

区域农业人口占比＝区域农业人口数量/区域总人口数量

养殖大省平均农业人口占比＝养殖大省农业人口总数量/养殖大省人口总数量

该指标为正向指标，数值越大，表明区域畜禽养殖资源环境承载力越高。根据《资源环境承载能力监测预警技术方法（试行）》，当 $C_6<1$ 时，该指标为超载；当 $1 \leqslant C_6 <1.2$ 时，该指标为临界超载；当 $C_6 \geqslant 1.2$ 时，该指标为不超载。

② 第一产业产值比重（$C_7$）。第一产业产值比重为区域第一产业产值比重与养殖大省（山东、河南、河北、四川、湖南）平均第一产业产值比重的比值。

$$C_7 = \frac{区域第一产业产值比重}{养殖大省平均第一产业产值比重} \tag{1-9}$$

式中，

区域第一产业产值比重＝区域第一产业产值/区域总产值

养殖大省平均第一产业产值比重＝养殖大省第一产业总产值/养殖大省总产值

该指标为正向指标，数值越大，表明区域畜禽养殖资源环境承载力越高。根据《资源环境承载能力监测预警技术方法（试行）》，当 $C_7<1$ 时，该指标为超载；当 $1 \leqslant C_7 <1.2$ 时，该指标为临界超载；当 $C_7 \geqslant 1.2$ 时，该指标为不超载。

③ 养殖补贴（$C_8$）。养殖补贴为区域现有各类单位畜禽获取的实际补贴金额与实际单位畜禽养殖所需成本的比值。

$$C_8 = \sum_{i=1}^{n} \frac{第i类单位畜禽的养殖补贴金额}{第i类单位畜禽的核算养殖成本} \times \frac{第i类畜禽养殖业的产值}{畜牧业总产值} \tag{1-10}$$

式中，$n$ 为区域所有畜禽养殖种类；$i$ 为第 $i$ 类畜禽养殖品种。

该指标为正向指标，数值越大，表明区域畜禽养殖资源环境承载力越高。根据《资源环境承载能力监测预警技术方法（试行）》，当 $C_8 \leqslant 0.1$ 时，该指标为超载；当 $0.1<C_8 \leqslant 0.5$ 时，该指标为临界超载；当 $C_8>0.5$ 时，该指标为不超载。

④ 有机肥生产能力（$C_9$）。有机肥生产能力为区域有机肥年产能与区域畜禽

粪污产生总量的比值。

$$C_9 = \frac{区域有机肥年产能}{区域畜禽粪污产生总量} \qquad (1\text{-}11)$$

该指标为正向指标，数值越大，表明区域畜禽养殖资源环境承载力越高。根据《资源环境承载能力监测预警技术方法（试行）》，当 $C_9<0.5$ 时，该指标为超载；当 $0.5 \leqslant C_9<1$ 时，该指标为临界超载；当 $C_9 \geqslant 1$ 时，该指标为不超载。

（3）畜禽养殖类指标（$B_3$）。

① 养殖密度（$C_{10}$）。养殖密度为区域养殖场实际占地面积与区域土地规划中养殖用地规划面积的比值。

$$C_{10} = \frac{区域养殖场实际占地面积}{区域土地规划中养殖用地规划面积} \qquad (1\text{-}12)$$

该指标为负向指标，数值越大，表明区域畜禽养殖资源环境承载力越低。根据《资源环境承载能力监测预警技术方法（试行）》，当 $C_{10}>1$ 时，该指标为超载；当 $0.7<C_{10} \leqslant 1$ 时，该指标为临界超载；当 $C_{10} \leqslant 0.7$ 时，该指标为不超载。

② 病死畜禽无害化处理处置能力（$C_{11}$）。病死畜禽无害化处理处置能力为区域现有病死畜禽无害化处理处置能力与区域畜禽养殖总量（折算生猪）乘以最大病死率（1–成活率）得出的最多病死畜禽数量的比值。

$$C_{11} = \frac{区域现有病死畜禽无害化处理处置能力}{区域畜禽养殖总量（折算生猪）\times(1-成活率)} \qquad (1\text{-}13)$$

该指标为正向指标，数值越大，表明区域畜禽养殖资源环境承载力越高。根据《资源环境承载能力监测预警技术方法（试行）》，当 $C_{11}<0.8$ 时，该指标为超载；当 $0.8 \leqslant C_{11}<1$ 时，该指标为临界超载；当 $C_{11} \geqslant 1$ 时，该指标为不超载。

畜禽养殖资源环境承载力评价指标体系中的准则层和指标层的指标值是一种加权求和的关系，上一层次的量化值由下一层次的指标值加权计算而得。因此，对于畜禽养殖资源环境承载力评价指标体系来说，有

$$B_i = \sum c_{ij}W_C \qquad (1\text{-}14)$$

式中，$B_i$ 为 B 层准则层的承载能力；$c_{ij}$ 为第 $i$ 类准则层对应的第 $j$ 个指标值；$W_C$ 为 C 层指标层具体指标相对于 B 层的相对权重。

$$A = \sum_{n=1}^{3} B_i W_B \qquad (1\text{-}15)$$

式中，$A$ 为畜禽养殖环境资源承载力量化值；$W_B$ 为 B 层准则层具体指标相对总目标的权重。

通过资源环境承载率（或称开发利用强度）可评估某一区域资源环境承载力

的承载状态。资源环境承载率是指区域资源环境承载量（各要素指标的现实取值）
与该区域资源环境承载量阈值（各要素指标上限值）的比值，即相对应的发展变
量与资源环境承载力的比值。资源环境承载量阈值可以是容易得到的理论最佳值
或预期要达到的目标值（标准值）。应用资源环境承载率指标进行畜禽养殖资源环
境承载力的评估，可以反映区域畜禽养殖发展现状与理论最佳值或目标值的差距，
评估畜禽养殖资源环境承载力的现状。

　　根据各项指标在超载、临界超载、不超载和压力小 4 个状态下的赋值，计算
畜禽养殖资源环境承载力的综合评价量化值，判别其不同状态（表 1-5）。

表 1-5　畜禽养殖资源环境承载力综合评价量化值状态判别

| 判别状态 | 承载力量化值 |
| --- | --- |
| 超载 | <0.853 |
| 临界超载 | 0.853～0.973 |
| 不超载 | 0.973～1.058 |
| 压力小 | >1.058 |

3）技术进步分析

　　目前，国内有关畜禽养殖资源环境承载力的技术规程仅有《畜禽粪污土地承
载力测算技术指南》，该指南从畜禽养殖场周边土地能否消纳畜禽养殖粪污的角
度，为畜禽养殖场布局选址和养殖规模规划提供了测算方法。畜禽粪污土地承载
力测算技术基于环境全要素的集约化畜禽养殖资源环境承载力评价方法，不仅在
土地承载方面提出了畜禽养殖规划布局的限制条件，还在水资源、水环境、社会
经济、政策保障等方面提出了影响畜禽养殖规划布局的限制因子和具体参数。

3. 创新点

　　该技术中的集约化畜禽养殖资源环境承载力评价方法，将区域水环境质量、
总量控制指标等限制因素考虑在内，符合畜禽养殖排污许可管理制度的具体要求，
促进了畜禽养殖业污染治理的精细化转型。

4. 成果适宜应用范围

　　该技术适用于县级及以上区域范围内集约化畜禽养殖场的规划布局，有利于
地方政府相关部门制订畜禽养殖业发展及污染防治等相关规划。

### 1.1.2　集约化畜禽养殖粪污综合防治解决方案

#### 1. 技术背景

近年来，我国畜禽养殖规模逐渐扩大，经营方式由分散向集约转化（李宁，2018），适用于集约化畜禽养殖粪污资源化利用的技术模式成熟度不高，难以被应用推广，致使畜禽养殖粪污污染问题日益突出（于佳动等，2019）。

我国不同区域自然条件、农业生产方式、经济发展水平等因素差异较大，不同养殖类型的粪污产排特征不同，因此不同规模的养殖场受限于技术经济性所能采用的粪污资源化利用技术也有较大差别。这些因素导致畜禽养殖粪污资源化利用技术具有一定的专业性与复杂性（Chen et al.，2020），粪污资源利用已成为制约养殖行业发展的薄弱环节。作者针对不同地区、养殖规模、养殖品种的集约化养殖场，评价筛选粪污资源化利用技术模式，形成综合解决方案，为政府部门与养殖场主进行粪污资源化利用决策提供技术支撑，有力地推动了我国畜禽养殖粪污污染防治工作。

#### 2. 主要技术成果

##### 1）主要内容

围绕粪污收集、运输、处理、利用的全过程，按照畜种、规模、地区分类开展粪污污染防治全链条关键技术与模式研究，集约化畜禽养殖粪污污染综合防治解决方案的技术路线如图 1-2 所示。基于层次分析法，构建指标评价体系，建立差异化权重体系，对粪污资源化利用技术模式进行评价，优选出具有畜种、区域和规模适用性的技术模式并推广应用。

（1）集约化养殖粪污污染综合防治评价方法研究。

基于层次分析法，提出技术指标、经济指标、环境指标 3 层评价指标，在目标层、约束层的基础上，进一步提出准则层与指标层，确定了 15 项评价指标（罗娟等，2020），比较其相对重要性并计算指标权重，形成评价指标体系（图 1-3）。根据不同畜种的技术经济性特点，创新指标赋值方法，并对技术模式综合得分进行测算。基于技术模式综合评价结果，开发评价系统。

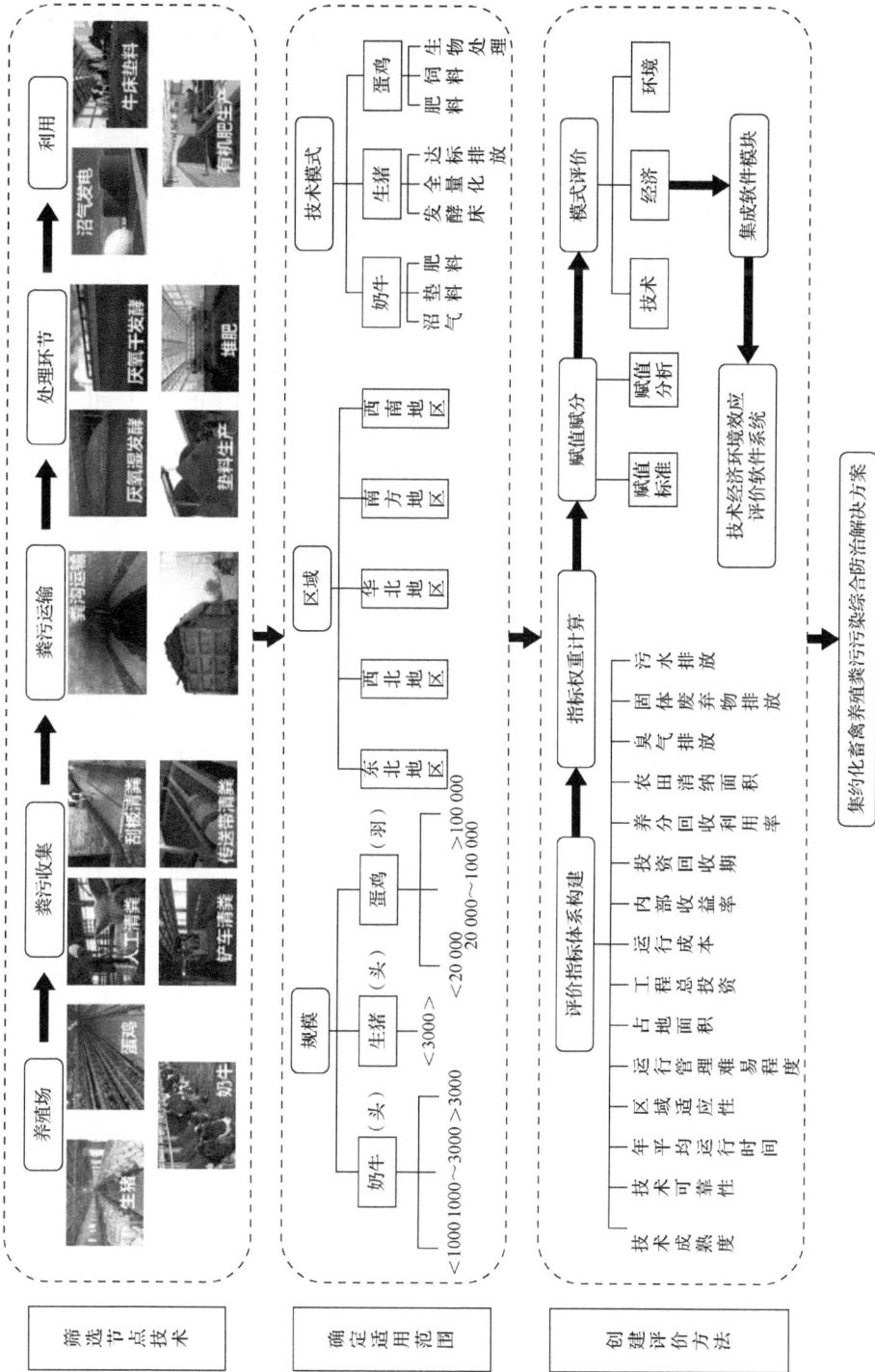

图 1-2　集约化畜禽养殖粪污污染综合治解决方案的技术路线

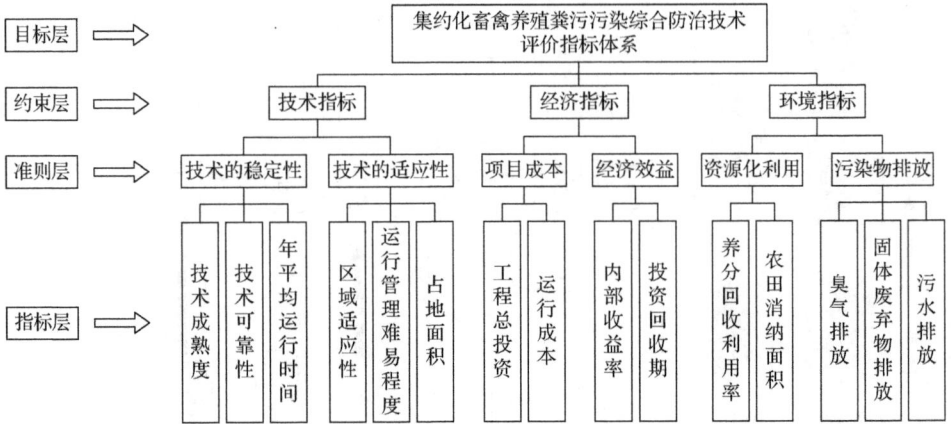

图1-3 集约化畜禽养殖粪污污染综合防治技术评价指标体系

（2）集约化奶牛养殖粪污污染综合防治整体解决方案。

在奶牛养殖优势区域，选择拥有不同养殖规模、养殖方式和粪污处理技术的集约化奶牛养殖场，开展集约化奶牛养殖粪污污染综合防治整体解决方案研究与应用。按照粪污收集、转运、处理要求筛选核心技术及设备，进一步分析各项指标赋值，提出奶牛养殖粪污污染防治技术模式评分标准及综合防治解决方案。3000头以上规模的奶牛养殖场应优选基于肥料化的粪污污染防治技术模式；基于垫料化的技术模式适用于西北地区和华北地区的奶牛养殖场，而厌氧发酵技术模式，特别是干清粪干发酵气肥联产+沼渣肥农田施用技术模式适用于华北地区的奶牛养殖场。基于肥料化的技术模式在 1000～3000 头规模的奶牛养殖场中适用范围广，而干清粪垫料+粪肥农田施用技术模式、粪污湿发酵气肥联产+粪污储存还田利用技术模式适用于西北地区、华北地区的奶牛养殖场。干清粪垫料+粪肥农田施用技术模式普遍适用于1000头以下规模的东北地区、西北地区、华北地区的奶牛养殖场，粪污储存+全量还田利用技术模式在西北干旱地区和华北地区的适用性优于其在东北寒冷地区的适用性（图1-4）。另外，粪污湿发酵气肥联产+粪水储存还田利用技术模式适用于华北地区的奶牛养殖场，在河北省的优致牧场中应用效果良好。

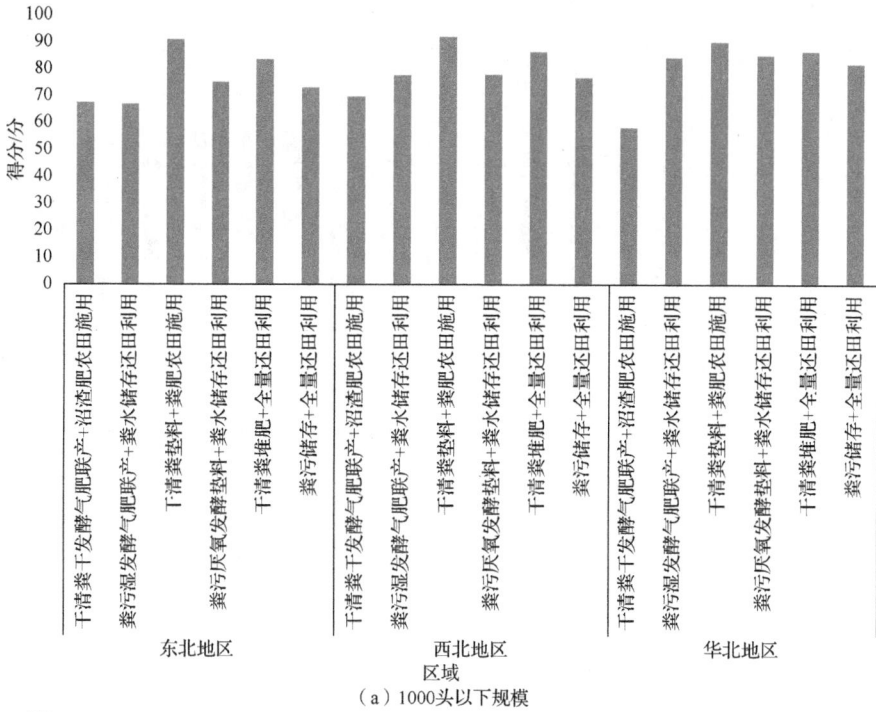

（a）1000头以下规模

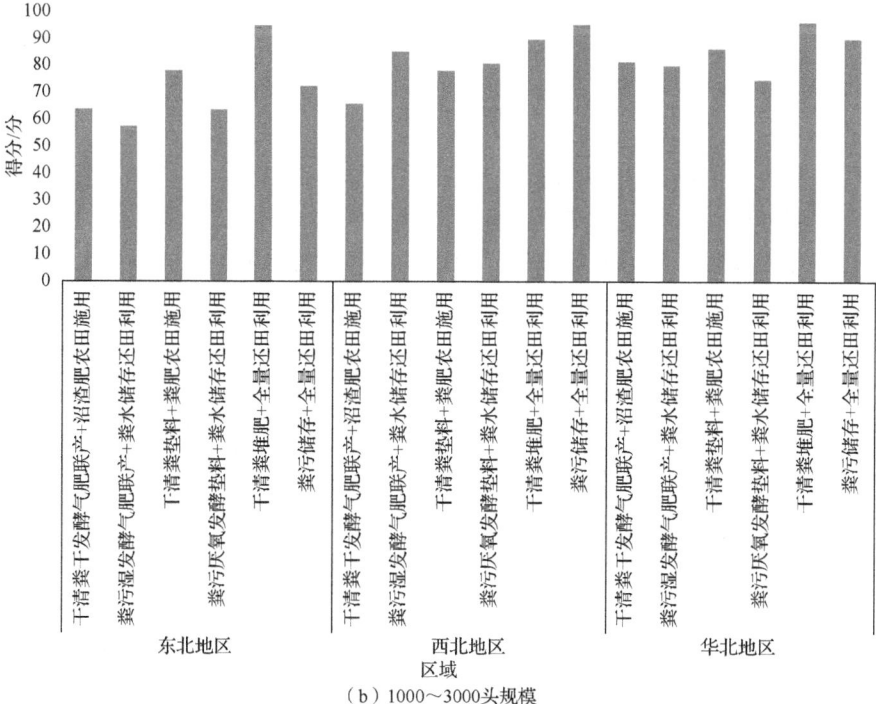

（b）1000～3000头规模

图 1-4　奶牛养殖粪污污染防治技术模式评价结果

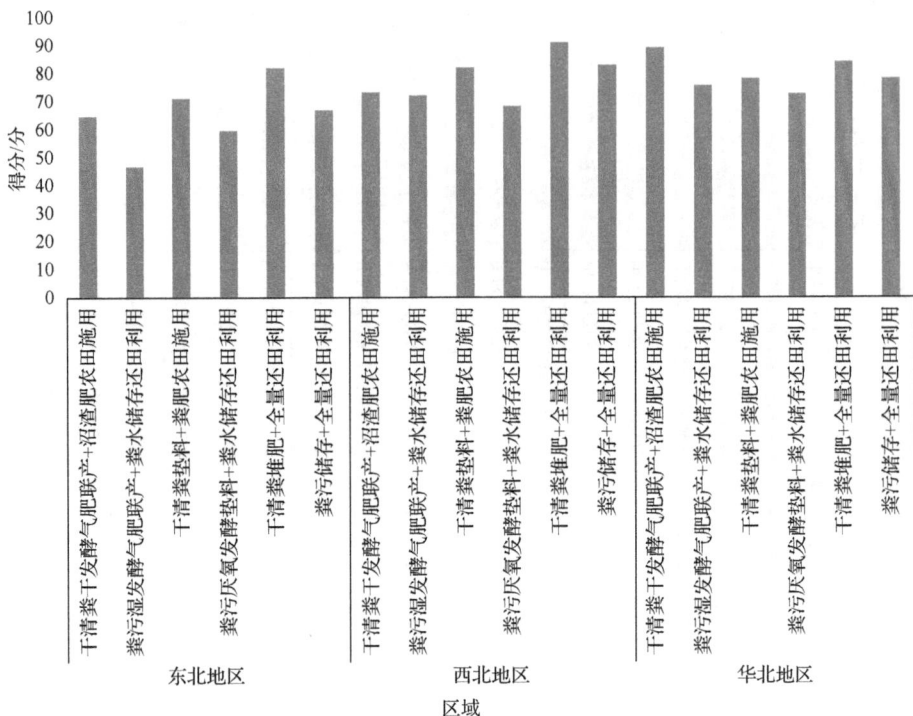

（c）3000头以上规模

图 1-4（续）

（3）集约化生猪养殖粪污污染综合防治整体解决方案。

在生猪养殖优势区域，选择拥有不同养殖规模、养殖方式和粪污处理技术的集约化生猪养殖场，开展集约化生猪养殖粪污污染综合防治整体解决方案研究与应用。按照粪污收集、转运、处理要求筛选核心技术及设备，进一步分析指标赋值，提出了生猪养殖粪污污染防治技术模式评分标准及综合解决方案。在 3000 头以下规模中，西北地区的生猪养殖场优选发酵床处理技术模式，华北地区的生猪养殖场优选能源生态技术模式，东北地区、南方地区和西南地区的生猪养殖场优选能源生态技术模式和发酵床处理技术模式；在 3000 头以上规模中，东北地区和华北地区的生猪养殖场优选能源生态技术模式和发酵床处理技术模式，西北地区的生猪养殖场优选发酵床处理技术模式，南方地区和西南地区的生猪养殖场优选能源生态技术模式和清洁回用技术模式（图 1-5）。另外，作者基于能源生态技术模式在湖北华盖现代农业发展有限公司生猪养殖场进行试评价，并指导广东鹤山等畜牧大县开展生猪养殖粪污资源化利用整县推进。

（a）3000头以下规模

（b）3000头以上规模

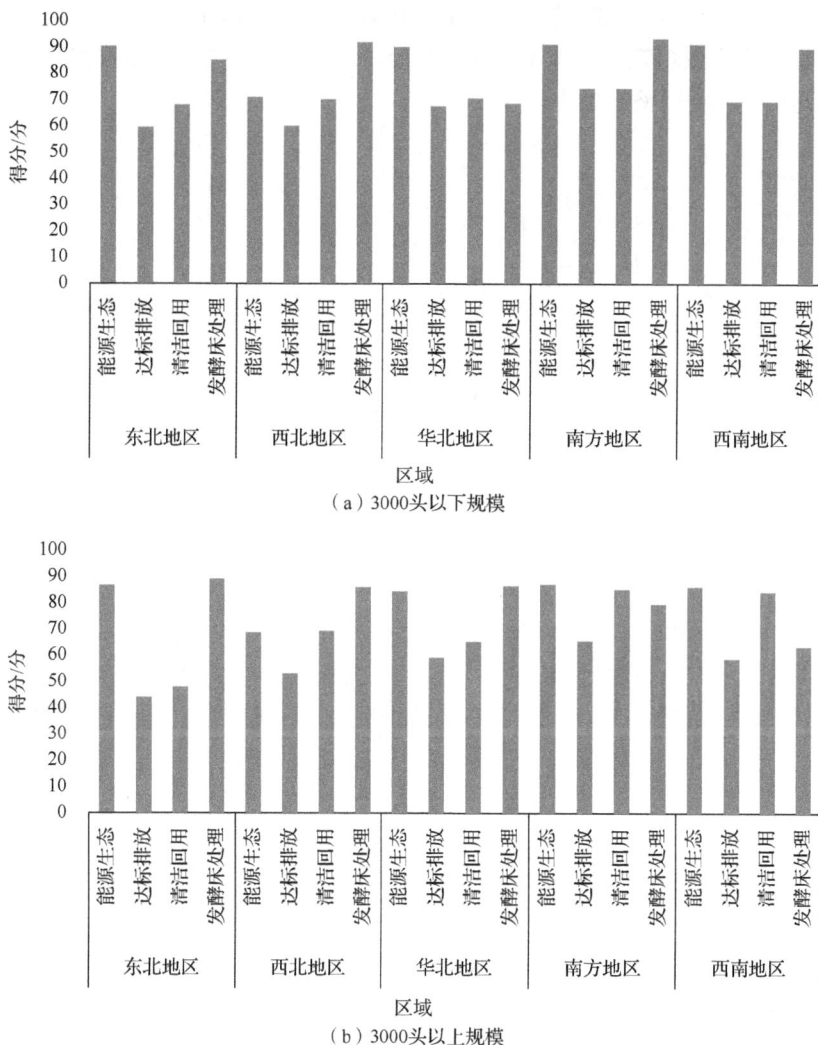

图 1-5　生猪养殖粪污污染防治技术模式评价结果

（4）集约化蛋鸡养殖粪污污染综合防治整体解决方案。

在蛋鸡养殖优势区域，选择拥有不同养殖规模、养殖方式和粪污处理技术的集约化蛋鸡养殖场，开展集约化蛋鸡养殖粪污污染综合防治整体解决方案的研究与应用。按照粪污收集、转运、处理要求筛选核心技术及设备，进一步分析指标赋值，提出了蛋鸡养殖粪污污染防治技术模式评分标准及综合解决方案。20 000～100 000 羽规模的蛋鸡养殖场优选传送带清粪—第三方堆肥和刮粪板清粪—第三方堆肥技术模式；100 000 羽以上规模的蛋鸡养殖场优选传送带清粪—第三方堆肥和传送带清粪—饲料化利用技术模式（经济效益较好）；5000～20 000 羽规模的蛋鸡养殖场优选刮粪板清粪—就地堆肥利用技术模式（图 1-6）。作者基于传送带清粪—第三方堆肥技术模式在北京诚凯成蛋鸡养殖合作社进行试评价，并指导河北遵化等畜牧大县开展蛋鸡养殖粪污资源化利用整县推进。

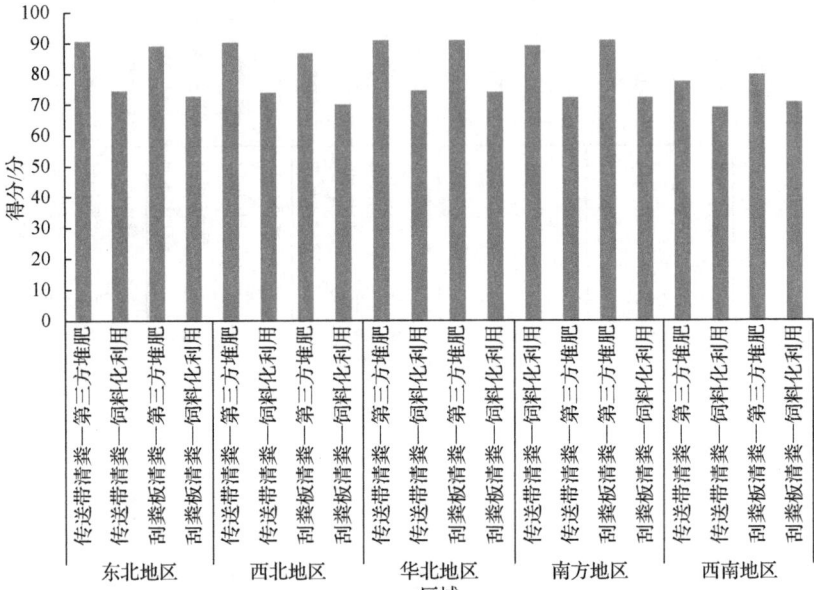

（a）100 000 羽以上规模

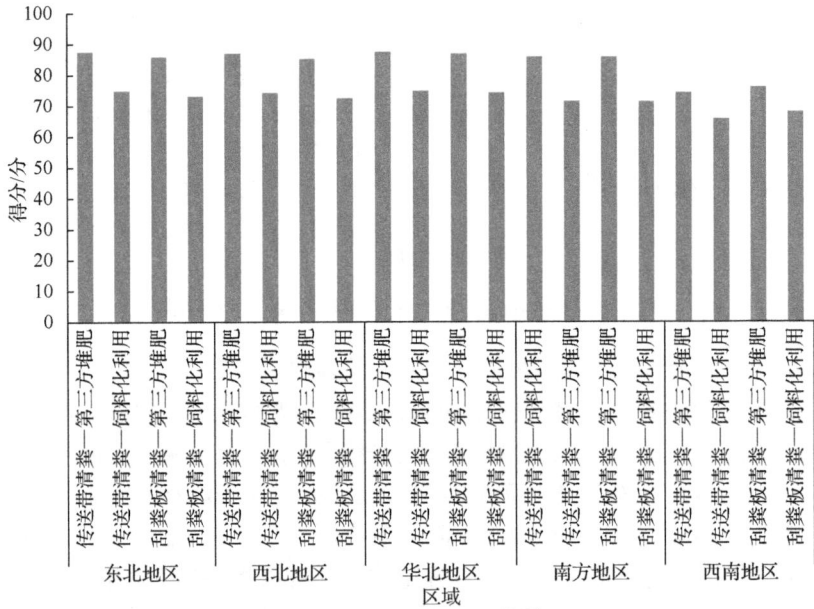

（b）20 000～100 000 羽规模

图 1-6　蛋鸡养殖粪污污染防治技术模式评价结果

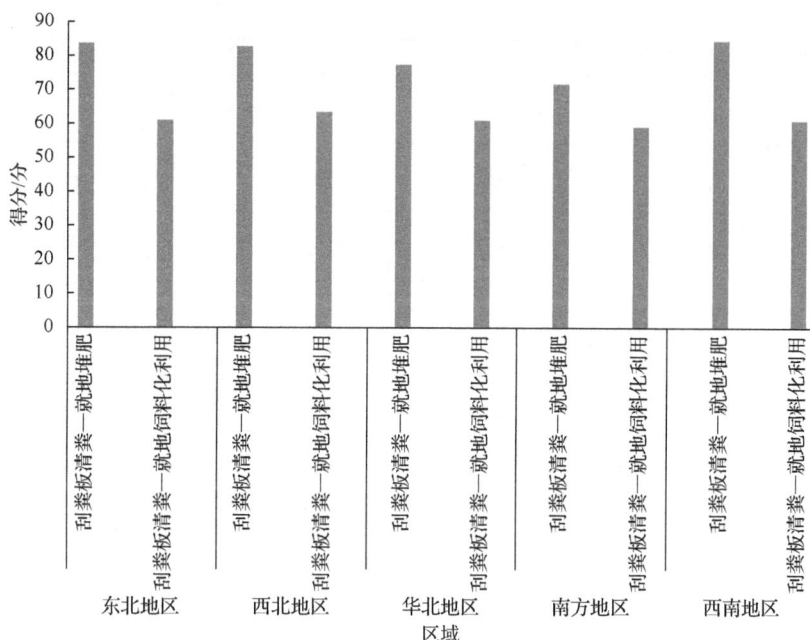

（c）5000~20 000 羽规模

图 1-6（续）

2）主要技术参数与竞争优势

（1）评价指标体系。

基于层次分析法、专家咨询法开发的集约化畜禽养殖粪污污染综合防治技术评价指标体系，优化了指标选取条件，提出了 3 级指标，以技术指标、经济指标、环境指标进一步确定准则层 6 项指标、指标层 15 项指标，用于评价技术模式。

通过问卷调查、专家咨询，确定指标体系权重。通过构建层次结构模型、构造判断矩阵、计算权重向量、判断矩阵一致性检验、计算一致性比率等步骤计算各项指标权重（$Z_i$），合计为 1。集约化畜禽养殖粪污污染综合防治技术评价指标体系权重如表 1-6 所示。

表 1-6　集约化畜禽养殖粪污污染综合防治技术评价指标体系权重

| 一级指标 | 权重 | 二级指标（准则层） | 权重 | 三级指标（指标层） | 权重（$Z_i$） |
|---|---|---|---|---|---|
| 技术指标 | 0.5936 | $C_1$ 技术的稳定性 | 0.3642 | $D_1$ 技术成熟度 | 0.1733 |
|  |  |  |  | $D_2$ 技术可靠性 | 0.1559 |
|  |  |  |  | $D_3$ 年平均运行时间 | 0.0350 |
|  |  | $C_2$ 技术的适应性 | 0.2294 | $D_4$ 区域适应性 | 0.0855 |
|  |  |  |  | $D_5$ 运行管理难易程度 | 0.1211 |
|  |  |  |  | $D_6$ 占地面积 | 0.0228 |

续表

| 一级指标 | 权重 | 二级指标（准则层） | 权重 | 三级指标（指标层） | 权重（$Z_i$） |
|---|---|---|---|---|---|
| 经济指标 | 0.2493 | $C_3$ 项目成本 | 0.1414 | $D_7$ 工程总投资 | 0.0707 |
| | | | | $D_8$ 运行成本 | 0.0707 |
| | | $C_4$ 经济效益 | 0.1080 | $D_9$ 内部收益率 | 0.0540 |
| | | | | $D_{10}$ 投资回收期 | 0.0540 |
| 环境指标 | 0.1571 | $C_5$ 资源化利用 | 0.0710 | $D_{11}$ 养分回收利用率 | 0.0473 |
| | | | | $D_{12}$ 农田消纳面积 | 0.0237 |
| | | $C_6$ 污染物排放 | 0.0860 | $D_{13}$ 臭气排放 | 0.0285 |
| | | | | $D_{14}$ 固体废弃物排放 | 0.0249 |
| | | | | $D_{15}$ 污水排放 | 0.0326 |
| 权重合计 | 1.0000 | | 1.000 | | 1.000 |

依据该评价指标体系，对不同地区、规模的集约化畜禽养殖场进行实地调研，结合问卷调查、查阅文献、专家咨询、数据计算、取样测试等方法对各项指标进行赋值。

（2）集约化奶牛养殖粪污污染综合防治技术模式评价。

① 适用范围。

集约化奶牛养殖粪污污染综合防治整体解决方案适用于评价奶牛养殖量占全国 92.4% 的东北地区、西北地区、华北地区的奶牛养殖场。集约化奶牛养殖场养殖规模分为 1000 头以下、1000～3000 头、3000 头以上，南方各地区的奶牛养殖场可参考此分类。

② 工艺模式。

a. 清粪技术。清粪技术主要包括人工清粪、半机械清粪、刮粪板清粪、水冲清粪、"软床"清粪等技术（Poteko et al.，2018）。奶牛养殖 5 种清粪技术需要配备的设施及设备如表 1-7 所示。

表 1-7  奶牛养殖 5 种清粪技术需要配备的设施及设备

| 技术 | 设施 | 设备 |
|---|---|---|
| 人工清粪 | — | 铁锹、铲板、笤帚 |
| 半机械清粪 | — | 清粪铲车、电机、传动轮总成、除粪车架 |
| 刮粪板清粪 | 粪污暂存池 | 刮粪板、牵引装置、四轮刮板清粪车 |
| 水冲清粪 | 漏缝地板 | 水冲泵 |
| "软床"清粪 | — | 垫料、推车 |

b. 粪污转运技术。粪污转运技术主要包括管道、粪沟收集运输，车辆收集运输，传送带收集运输 3 种方式。奶牛养殖 3 种粪污转运技术需要配备的设施及设备如表 1-8 所示。

表 1-8　奶牛养殖 3 种粪污转运技术需要配备的设施及设备

| 技术 | 设施 | 设备 |
|---|---|---|
| 管道、粪沟收集运输 | 管道、粪沟 | 备用泵 |
| 车辆收集运输 | — | 粪污清运车体、车架、车厢、吸污泵、转动轴、承压罐体、真空压力计等 |
| 传送带收集运输 | 传送道 | 粪污推送器、传送带、带式输送机 |

c．粪污处理利用技术。粪污处理利用技术主要采用干法厌氧发酵、堆肥、垫料技术处理固体粪便；采用湿法厌氧发酵、粪水储存还田等技术处理粪水、污水（Carolina，2019）。奶牛养殖 8 种粪污处理利用技术需要配备的设施及设备如表 1-9 所示。

表 1-9　奶牛养殖 8 种粪污处理利用技术需要配备的设施及设备

| 序号 | 技术 | 环节 | 设施 | 设备 |
|---|---|---|---|---|
| 1 | 干法厌氧发酵 | 前处理 | 混料池 | 固液分离机、搅拌机 |
| | | 发酵过程 | 车库发酵装置、UASB®发酵装置、喷淋管道、加热管道、沼气净化间、脱硫塔、脱水装置、储气柜 | 铲车、喷淋泵、喷淋头、锅炉、增温循环泵、发电机 |
| | | 后处理 | 垫料储存场、沼液储存池、堆肥槽 | 螺旋挤压固液分离机、潜污泵、垫料生产设备、翻抛机 |
| 2 | 湿法厌氧发酵 | 前处理 | 粪沟、管道、匀浆池 | 进料泵、固液分离机 |
| | | 发酵过程 | CSTR®或 USR®发酵装置、加热管道、脱硫塔、脱水装置、储气柜 | 潜水搅拌器、进料泵、锅炉、增温循环泵、出料泵、发电机 |
| | | 后处理 | 垫料生产存储车间、沼液储存池、堆肥车间 | 固液分离机、潜污泵、垫料生产设备、翻抛机 |
| 3 | 堆肥 | 前处理 | 粪沟、管道、粪污调节池、污水临储池 | 提升泵、潜污泵、固液分离机、潜水搅拌器 |
| | | 好氧发酵 | 堆肥槽、曝气管道 | 翻抛机、曝气泵 |
| | | 后处理 | 肥料生产存储车间、氧化塘、肥水储存池 | 铲车、翻抛机、潜污泵、潜水搅拌器 |
| 4 | 垫料 | 前处理 | 粪沟、管道、匀浆池、污水临储池 | 搅拌器、潜污泵、固液分离机 |
| | | 垫料生产 | — | BRU®垫料再生装置、转运车 |
| | | 后处理 | 沼液储存池、晾晒场 | 潜污泵 |
| 5 | 粪水储存还田 | | 排污管道、酸化池、氧化塘（沉淀池） | 曝气装置、防渗膜<br>提升泵、潜污泵、曝气泵<br>还田机具 |
| 6 | 沼渣肥农田施用 | | 配肥车间 | 搅拌装置、干燥装置<br>撒肥车 |
| 7 | 农田养分管理 | | 操作间 | 养分采集装置、养分检测仪、养分平衡调节系统、定量施肥装置、监测装置 |

续表

| 序号 | 技术 | 环节 | 设施 | 设备 |
|---|---|---|---|---|
| 8 | 粪污全量还田 | 排污管道、氧化塘（沉淀池） | | 曝气装置、防渗膜、提升泵、潜污泵、曝气泵、水肥一体化装置、还田机具 |

① 高效上流式厌氧污泥床（up-flow anaerobic sludge blanket，UASB）；
② 连续搅拌釜式反应器（continuous stirred tank reactor，CSTR）；
③ 升流式固体厌氧反应器（up-flow anaerobic solid reactor，USR）；
④ 生物技术研究单位（biotechnology research unit，BRU）。

d. 全链条粪污污染防治典型技术模式。结合不同地区、不同养殖规模的集约化奶牛养殖场粪污污染防治特性，并根据固液分离环节在粪污处理过程中的不同顺序，提出了干清粪干发酵气肥联产+沼渣肥农田施用、粪污湿发酵气肥联产+粪水储存还田利用、干清粪垫料+粪肥农田施用、粪污厌氧发酵垫料+粪水储存还田利用、干清粪堆肥+全量还田利用、粪污储存+全量还田 6 种奶牛养殖粪污污染防治技术模式（于佳动等，2021），并总结出适用于不同地区、不同规模的奶牛养殖场的粪污污染防治技术（表 1-10～表 1-12）。

表 1-10 3000 头以上规模的奶牛养殖场的粪污污染防治技术集成

| 地区 | 清粪技术 | 粪污转运技术 | 粪污处理利用技术 | 农田施用 |
|---|---|---|---|---|
| 东北地区 | 半机械 | 车辆 | 前分离干法发酵 | 沼渣肥农田施用 |
| | 半机械 | 车辆 | 后分离湿法发酵 | 沼液储存还田 |
| | 半机械 | 车辆 | 前分离垫料化 | 粪肥农田施用 |
| | 半机械 | 车辆 | 后分离垫料化 | 粪水储存还田利用 |
| | 刮粪板 | 车辆 | 前分离肥料化 | 全量还田利用 |
| | 半机械 | 车辆 | 后分离肥料化 | 全量还田利用 |
| 西北地区 | 刮粪板 | 粪沟 | 前分离干法发酵 | 沼渣肥农田施用 |
| | 刮粪板 | 粪沟 | 后分离湿法发酵 | 沼液储存还田 |
| | 刮粪板 | 粪沟 | 前分离垫料化 | 粪肥农田施用 |
| | 刮粪板 | 粪沟 | 后分离垫料化 | 粪水储存还田利用 |
| | 刮粪板 | 管道 | 前分离肥料化 | 全量还田利用 |
| | 刮粪板 | 粪沟 | 后分离肥料化 | 全量还田利用 |
| 华北地区 | 刮粪板 | 粪沟 | 前分离干法发酵 | 沼渣肥农田施用 |
| | 刮粪板 | 管道 | 后分离湿法发酵 | 沼液储存还田 |
| | 刮粪板 | 管道 | 前分离垫料化 | 粪肥农田施用 |
| | 刮粪板 | 管道 | 后分离垫料化 | 粪水储存还田利用 |
| | 刮粪板 | 管道 | 前分离肥料化 | 全量还田利用 |
| | 刮粪板 | 管道 | 后分离肥料化 | 全量还田利用 |

注：前分离、后分离是指固液分离环节位于粪污处理环节的前或后。

**表 1-11　1000～3000 头规模的奶牛养殖场的粪污污染防治技术集成**

| 地区 | 清粪技术 | 粪污转运技术 | 粪污处理利用技术 | 农田施用 |
|---|---|---|---|---|
| 东北地区 | 半机械 | 车辆 | 前分离干法发酵 | 沼渣肥农田施用 |
| | 半机械 | 粪沟 | 后分离湿法发酵 | 沼液储存还田 |
| | 半机械 | 车辆 | 前分离垫料化 | 粪肥农田施用 |
| | 半机械 | 粪沟 | 后分离垫料化 | 粪水储存还田利用 |
| | 刮粪板 | 车辆 | 前分离肥料化 | 全量还田利用 |
| | 半机械 | 粪沟 | 后分离肥料化 | 全量还田利用 |
| 西北地区 | 半机械 | 传送带 | 前分离干法发酵 | 沼渣肥农田施用 |
| | 半机械 | 粪沟 | 后分离湿法发酵 | 沼液储存还田 |
| | 半机械 | 传送带 | 前分离垫料化 | 粪肥农田施用 |
| | 半机械 | 粪沟 | 后分离垫料化 | 粪水储存还田利用 |
| | 半机械 | 传送带 | 前分离肥料化 | 全量还田利用 |
| | 刮粪板 | 粪沟 | 后分离肥料化 | 全量还田利用 |
| 华北地区 | 刮粪板 | 车辆 | 前分离干法发酵 | 沼渣肥农田施用 |
| | 水冲 | 粪沟 | 后分离湿法发酵 | 沼液储存还田 |
| | 软床 | 车辆 | 前分离垫料化 | 粪肥农田施用 |
| | 水冲 | 粪沟 | 后分离垫料化 | 粪水储存还田利用 |
| | 刮粪板 | 粪沟 | 前分离肥料化 | 全量还田利用 |
| | 水冲 | 粪沟 | 后分离肥料化 | 全量还田利用 |

注：前分离、后分离是指固液分离环节位于粪污处理环节的前或后。

**表 1-12　1000 头以下规模的奶牛养殖场的粪污污染防治技术集成**

| 地区 | 清粪技术 | 粪污转运技术 | 粪污处理利用技术 | 农田施用 |
|---|---|---|---|---|
| 东北地区 | 人工 | 车辆 | 前分离干法发酵 | 沼渣肥农田施用 |
| | 人工 | 人工 | 后分离湿法发酵 | 沼液储存还田 |
| | 半机械 | 车辆 | 前分离垫料化 | 粪肥农田施用 |
| | 人工 | 人工 | 后分离垫料化 | 粪水储存还田利用 |
| | 人工 | 人工 | 前分离肥料化 | 全量还田利用 |
| | 人工 | 人工 | 后分离肥料化 | 全量还田利用 |
| 西北地区 | 人工 | 车辆 | 前分离干法发酵 | 沼渣肥农田施用 |
| | 人工 | 粪沟 | 后分离湿法发酵 | 沼液储存还田 |
| | 刮粪板 | 人工 | 前分离垫料化 | 粪肥农田施用 |
| | 人工 | 粪沟 | 后分离垫料化 | 粪水储存还田利用 |
| | 人工 | 人工 | 前分离肥料化 | 全量还田利用 |
| | 人工 | 粪沟 | 后分离肥料化 | 全量还田利用 |

续表

| 地区 | 清粪技术 | 粪污转运技术 | 粪污处理利用技术 | 农田施用 |
|---|---|---|---|---|
| 华北地区 | 半机械 | 车辆 | 前分离干法发酵 | 沼渣肥农田施用 |
| | 水冲 | 粪沟 | 后分离湿法发酵 | 沼液储存还田 |
| | 软床 | 车辆 | 前分离垫料化 | 粪肥农田施用 |
| | 水冲 | 粪沟 | 后分离垫料化 | 粪水储存还田利用 |
| | 人工 | 人工 | 前分离肥料化 | 全量还田利用 |
| | 水冲 | 粪沟 | 后分离肥料化 | 全量还田利用 |

注：前分离、后分离是指固液分离环节位于粪污处理环节的前或后。

（a）干清粪干发酵气肥联产+沼渣肥农田施用模式。将牛舍粪污用刮粪板推送至粪沟，与挤奶厅废水混合后泵送至固液分离系统。对分离后的干清粪，采用序批式干法厌氧发酵技术生产沼气，用出料沼渣生产垫料、有机肥。对分离后的液体，采用 UASB 反应工艺进行处理，将产生的沼液用于农田灌溉（图 1-7）。这种模式的优点是原料处理量大、厌氧发酵单位容积产气效率高，以及沼渣可直接用于生产垫料、有机肥等；缺点是生产效率降低等。

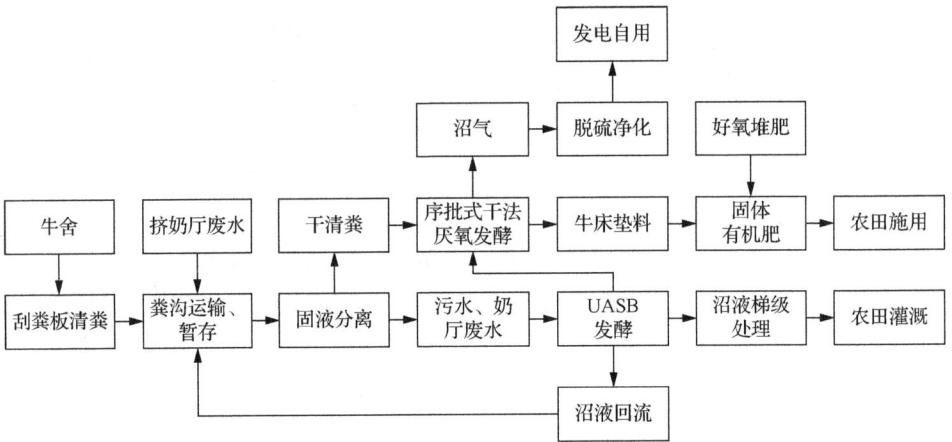

图 1-7　干清粪干发酵气肥联产+沼渣肥农田施用模式

（b）粪污湿发酵气肥联产+粪水储存还田利用模式。将牛舍粪尿用刮粪板推送至粪沟，与挤奶厅废水和回流沼液混合后泵送至匀浆池，定时定量进入 CSTR，水力停留时间（hydraulic retention time，HRT）通常在 30d 左右（图 1-8）。这种模式的主要优点是粪污一并厌氧发酵、操作简单、沼渣营养物质含量高和制肥时间短等；缺点是厌氧发酵反应器体积大、发酵不彻底，沼液产量大，二次污染风险高等。

```
                              发电自用
                                 ↑
                    脱硫净化        垫料
                       ↑            ↑
 牛舍   挤奶厅废水    沼气    →   沼渣  → 好氧发酵 → 有机肥 → 农田施用
  ↓        ↓          ↑
刮粪板清粪 → 粪沟运输、→ 湿法厌氧 → 固液分离 → 沼液 → 沼液梯级 → 农田灌溉
            暂存      发酵                       处理
  └──────────┘                      ↓
                              沼液回流
```

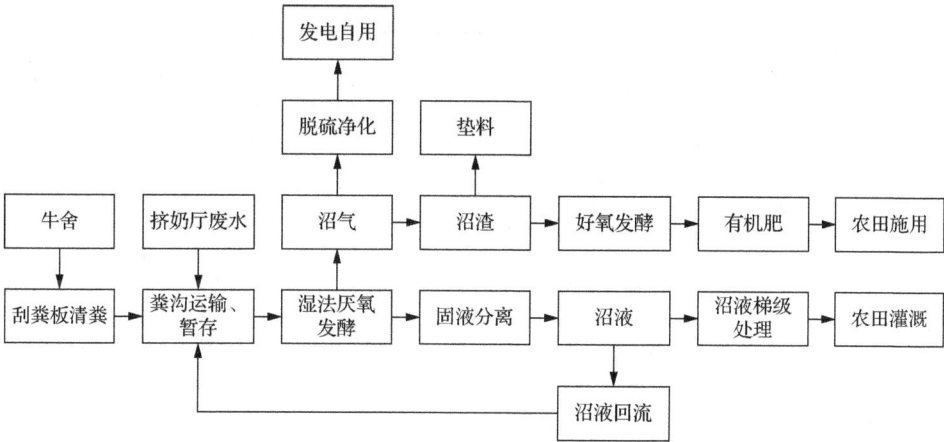

图 1-8 粪污湿发酵气肥联产+粪水储存还田利用模式

（c）干清粪垫料+粪肥农田施用模式。在牛舍中采用刮粪板清粪，将粪污推送至粪沟后，采用粪沟收集运输模式处理粪污，之后进行固液分离处理。将分离后的固体部分用于制作牛床垫料，将剩余的垫料用于固体有机肥料生产；将分离后的液体部分送入污水贮存池中，静置 2 个月后用于农田（图 1-9）。这种模式的主要优点是垫料生产效率高、腐熟度高、微量元素含量丰富等；缺点是在生产过程中易造成温室气体污染、污水产量大等。

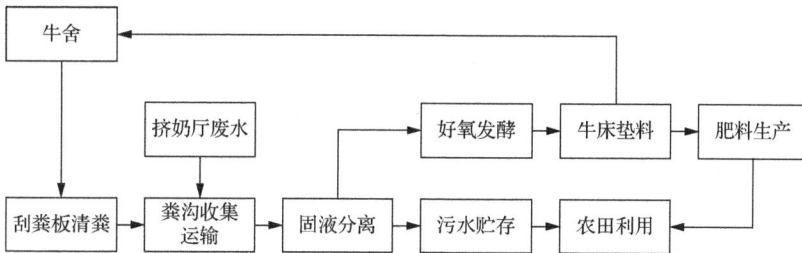

```
       牛舍  ←──────────────────────────────────┐
        ↓                                        │
    挤奶厅废水        ┌──→ 好氧发酵 → 牛床垫料 → 肥料生产
        ↓            │                            │
  刮粪板清粪 → 粪沟收集 → 固液分离 → 污水贮存 → 农田利用
              运输
```

图 1-9 干清粪垫料+粪肥农田施用模式

（d）粪污厌氧发酵垫料+粪水储存还田利用模式。在牛舍中采用刮粪板清粪，将粪污推送至粪沟后采用粪沟收集运输模式，将粪污送入推流式沼气池中进行厌氧发酵，之后进行固液分离处理；将分离后的固体部分用于好氧发酵，之后经过晾晒将其用于牛床垫料生产，将分离后的液体部分直接用于农田利用（图 1-10）。这种模式的主要优点是生产过程中产生的沼气可用于养殖场内部发电、减少温室气体排放等；缺点是粪污处理步骤增加、沼渣制作垫料腐熟效率较低等。

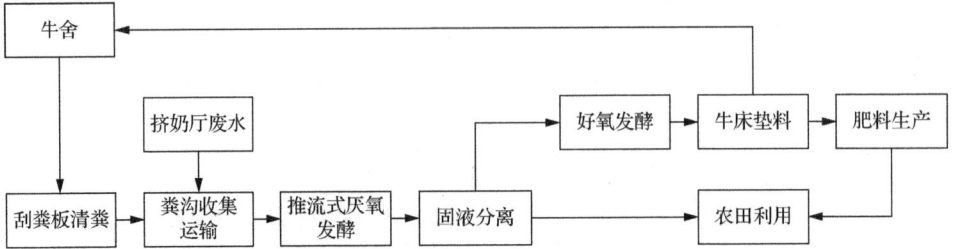

图 1-10　粪污厌氧发酵垫料+粪水储存还田利用模式

（e）干清粪堆肥+全量还田利用模式。在牛舍中采用刮粪板将粪污推送至粪沟，与挤奶厅废水混合后泵送至固液分离系统。对分离后的固体部分采用好氧堆肥技术，生产固体有机肥。生产的固体有机肥可以直接施用于农田；将分离后的液体送入氧化塘进行处理，从氧化塘排出后的污水可用于农田灌溉（图 1-11）。这种模式的主要优点是原料处理量大，容积产气效率高，沼渣可直接用于生产垫料、有机肥等；缺点是生产效率降低等。

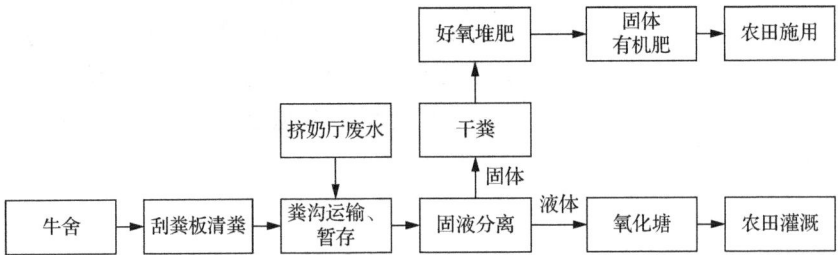

图 1-11　干清粪堆肥+全量还田利用模式

（f）粪污储存+全量还田利用模式。在牛舍中用刮粪板将粪污推送至粪沟，与挤奶厅废水混合后泵送至氧化塘进行处理，对出水进行固液分离，将固体部分用于好氧堆肥，将生产的固体有机肥直接施用于农田；将液体部分（肥水）用于农田灌溉（图 1-12）。这种模式的主要优点是粪污处理前期操作简单，可根据施肥需要定量生产有机肥等；缺点是易造成温室气体污染、固液分离后粪便有机肥生产效率低等。

　　e. 评分标准。对技术成熟度、技术可靠性、区域适应性、运行管理难易程度 4 项技术指标，按照粪污收集、转运、处理要求分别赋予其"优、良、中、差"评价，依据"优、良、中、差"评分区间，对 3 个环节进行加和、折权重、赋分；对于其他 11 项被赋予具体数值的技术指标、经济指标、环境指标，根据不同养殖规模、畜种、地区的赋值分析结果，进一步分档界定，并给出评分区间。

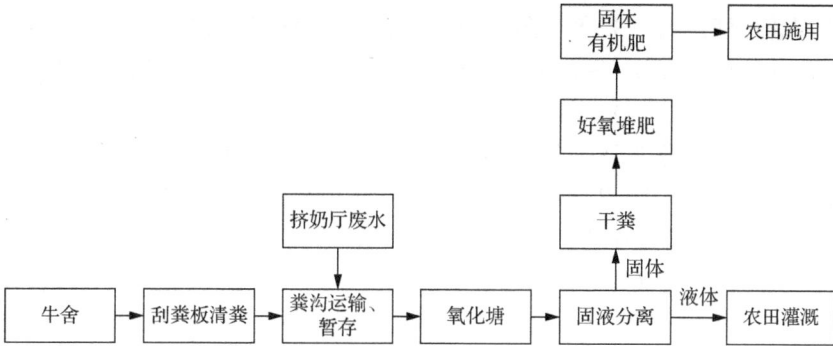

图 1-12　粪污储存+全量还田利用模式

技术成熟度。对粪污污染防治的清粪、运输、处理过程分别进行 4 档赋分，即"优、良、中、差"评分。"优"为 12.75（不含）～17 分，"良"为 8.5（不含）～12.75 分，"中"为 4.25（不含）～8.5 分，"差"为 0～4.25 分，依据技术成熟度实际评价情况灵活选取各档分值。清粪、运输、处理环节的权重分别为 20%、30%、50%。对各环节进行赋分、折权重、加和，得出技术成熟度最终得分。

技术可靠性。对粪污污染防治的清粪、运输、处理过程分别进行 4 档赋分，即"优、良、中、差"评分。"优"为 12（不含）～16 分，"良"为 8（不含）～12 分，"中"为 4（不含）～8 分，"差"为 0～4 分，依据技术可靠性实际评价情况灵活选取各档分值。清粪、运输、处理环节权重分别为 20%、30%、50%。对各环节进行赋分、折权重、加和，得出技术可靠性最终得分。

年平均运行时间。年平均运行时间满分为 4 分，设施设备年平均运行超过 7000h 得 3～4 分；年平均运行 6000～7000h 得 2～3 分；年平均运行 5000～6000h 得 0～1 分；年平均运行不足 5000h 得 0 分。

区域适应性。对粪污污染防治的清粪、运输、处理过程分别进行 4 档赋分，即"优、良、中、差"评分。"优"为 6.75（不含）～9 分，"良"为 4.5（不含）～6.75 分，"中"为 2.25（不含）～4.5 分，"差"为 0～2.25 分，依据区域适应性实际评价情况灵活选取各档分值。清粪、运输、处理环节权重分别为 20%、30%、50%。对各环节进行赋分、折权重、加和，得出区域适应性最终得分。

运行管理难易程度。对粪污污染防治的清粪、运输、处理过程分别进行 4 档赋分，即"优、良、中、差"评分。"优"为 9（不含）～12 分，"良"为 6（不含）～9 分，"中"为 3（不含）～6 分，"差"为 0～3 分，依据运行管理难易程度实际评价情况灵活选取各档分值。清粪、运输、处理环节权重分别为 20%、30%、50%。对各环节进行赋分、折权重、加和，得出运行管理难易程度最终得分。

占地面积。满分为 2 分，处理每百头奶牛粪污设施占地面积在 0.5 亩（1 亩≈667m$^2$）以下得 2 分，面积为 0.5～1 亩得 1～2 分，面积超过 1 亩得 0 分。

工程总投资。满分 7 分，粪污污染防治工程总投资在 1500 元/头以下得 7 分；为 1500～3000 元/头得 6～7 分；为 3000～4000 元/头得 5～6 分；为 4000～6000 元/头得 3～5 分；为 6000～8000 元/头得 1～3 分；超过 8000 元/头得 0 分。

运行成本。满分 7 分，粪污污染防治工程运行成本在 300 元/头以下得 7 分；为 300～500 元/头得 5～7 分；为 500～600 元/头得 3～5 分；为 600～700 元/头得 1～3 分；超过 700 元/头得 0 分。

内部收益率。满分 5 分，内部收益率在 25%以上得 5 分；为 10%～25%得 4～5 分；为 5%～10%得 3～4 分；为 1%～5%得 1～3 分；低于 1%得 0 分。

投资回收期。满分 5 分，投资回收期在 5 年以下得 5 分；为 5～10 年得 4～5 分；为 10～15 年得 2～4 分；为 15～20 年得 0～2 分；超过 20 年得 0 分。

养分回收利用率。满分 5 分，养分回收利用率在 55%以上得 5 分；为 40%～55%得 4～5 分；为 30%～40%得 3～4 分；为 20%～30%得 1～3 分；低于 20%得 0 分。

农田消纳面积。满分 2 分，农田消纳面积为 0～10 亩/头得 1～2 分；超过 10 亩/头得 0 分。

臭气排放。满分 3 分，规模化养殖场臭气排放浓度在 300m$^3$/kg 以下得 3 分；为 300～600m$^3$/kg 得 2～3 分；为 600～800m$^3$/kg 得 1～2 分；超过 800m$^3$/kg 得 0 分。

固体废弃物排放。满分 3 分，粪污污染防治过程折合单头奶牛固体废弃物排放量为 0.1t/年以下得 3 分；为 0.1～0.5t/年得 2～3 分；为 0.5～1.0t/年得 1～2 分；超过 1.0t/年得 0 分。

污水排放。满分 3 分，粪污污染防治过程折合单头奶牛污水排放量为 3t/年以下得 3 分；3～6t/年得 1～3 分；超过 6t/年得 0 分。

　　f. 整体解决方案。围绕粪污收集、运输、资源化处理、农田利用等全过程，集成典型技术模式，聚焦行业需求，分畜种、分规模、分地区开展粪污污染防治全链条技术研究。基于层次分析法，从技术、经济、环境 3 个方面构建指标评价体系，确立指标权重，对技术模式开展评价。

前分离干法厌氧发酵技术模式更适用于华北地区的 3000 头以上规模奶牛养殖场；后分离湿法厌氧发酵技术模式更适用于西北地区的 1000～3000 头规模的奶牛养殖场和华北地区的 1000 头以下规模奶牛养殖场；前分离垫料化技术模式普遍适用于东北地区、西北地区、华北地区的 1000 头以下规模的奶牛养殖场；后分离垫料化技术模式普遍适用于华北地区的 1000 头以下规模的奶牛养殖场使用；前分离肥料技术模式更适用于东北地区的 1000～3000 头规模的奶牛养殖场、西北地区的 3000 头以上规模的奶牛养殖场和华北地区的 1000～3000 头规模的奶牛养殖场；后分离肥料技术模式更适用于西北地区的 1000～3000 头规模的奶牛养殖场(图1-4)。

（3）集约化生猪养殖粪污污染综合防治技术模式评价。

① 适用范围。

生猪养殖规模分为 3000 头以下和 3000 头以上两种，据此分别对我国东北地区、西北地区、华北地区、南方和西南 5 个区域的生猪养殖粪污污染综合防治技术模式进行评价。

② 工艺模式。

a. 清粪技术。清粪技术主要采用人工干清粪、刮粪板清粪、半机械清粪、水冲/水泡粪、发酵床饲养等工艺对粪污进行收集（贾立松等，2017；李朝州等，2017）。

人工干清粪采用人工清扫和收集技术，使尿液和污水从下水道流出，并对其分别进行存放或处理。刮粪板清粪采用刮粪板将粪污收集到猪舍一端的集粪池中。半机械清粪先通过人工清粪将粪污集中到猪舍侧面的粪沟中，再用刮粪板或其他机械将粪污收集到猪舍一端的集粪池中。水冲/水泡粪采用水冲或水泡的方式将干粪和尿液收集到集粪池中。发酵床饲养是指将微生物与作物秸秆、谷壳或锯木屑等按一定比例混合，进行高温发酵后作为垫料制成发酵床，使生猪排放到发酵床的粪便被垫料微生物及时分解和消化。生猪养殖 5 种清粪技术需要配备的设施及设备如表 1-13 所示。

表 1-13　生猪养殖 5 种清粪技术需要配备的设施及设备

| 技术 | 设施 | 设备 |
| --- | --- | --- |
| 人工干清粪 | — | 铁锨、推车、笤帚 |
| 刮粪板清粪 | 集粪池 | 刮粪板、牵引装置、四轮刮板清粪车 |
| 半机械清粪 | — | 清粪铲车、电机、传动轮总成、除粪车架 |
| 水冲/水泡粪 | — | 水泵 |
| 发酵床饲养 | — | 垫料、推车 |

b. 粪污转运技术。粪污转运技术主要采用人工、车辆、粪沟、管道的运输方式。生猪养殖 4 种粪污转运技术需要配备的设施及设备如表 1-14 所示。

表 1-14　生猪养殖 4 种粪污转运技术需要配备的设施及设备

| 技术 | 设施 | 设备 |
| --- | --- | --- |
| 人工 | — | 手推车 |
| 车辆 | — | 粪污清运车体、车架、车厢等 |
| 粪沟 | 粪沟 | 泵 |
| 管道 | 管道 | 泵 |

c. 粪污处理利用技术。在粪污处理利用技术中主要采用粪污还田利用、异位发酵床处理固体粪便；采用粪水回用、粪水达标排放等技术处理粪水（Martinez et al.，2003）。生猪养殖 4 种粪污处理利用技术需要配备的设施及设备如表 1-15 所示。

表 1-15　生猪养殖 4 种粪污处理利用技术需要配备的设施及设备

| 技术 | 设施 | 设备 |
|---|---|---|
| 粪污还田利用 | 粪沟、管道、堆肥场、氧化塘、加热管道、沼气净化间等 | 固液分离机、搅拌机、发酵罐、沉淀塔、发电机、脱硫塔、脱水装置、储气柜、沼液储存池等 |
| 粪水达标排放 | 粪沟、管道、堆肥场、氧化塘、沉淀池、贮存池等 | 固液分离机、搅拌机、发酵罐、爆氧罐、沉淀塔、提升泵、潜污泵等 |
| 粪水回用 | 粪沟、管道、堆肥场、多级氧化塘等 | 泵、纤维管膜等 |
| 异位发酵床 | 堆肥槽、粪污调节池、肥料生产车间等 | 铲车、翻耙机、喷淋泵、喷淋头等 |

d. 全链条粪污污染防治典型技术模式。在全链条粪污污染防治典型技术模式中归纳总结了能源生态技术模式、达标排放技术模式、清洁回用技术模式、发酵床处理技术模式 4 种生猪养殖粪污污染防治技术模式（Zhang et al.，2021），并提出适用于不同区域、不同规模生猪养殖粪污污染防治技术（表 1-16 和表 1-17）。

表 1-16　生猪养殖 3000 头以下规模粪污污染防治技术集成

| 区域 | 清粪技术 | 粪污转运技术 | 粪污处理利用技术 |
|---|---|---|---|
| 东北地区 | 半机械清粪 | 人工 | 粪污还田利用 |
| | 半机械清粪 | 粪沟 | 粪水达标排放 |
| | 半机械清粪 | 粪沟 | 粪水回用 |
| | 半机械清粪 | 车辆 | 异位发酵床 |
| 西北地区 | 人工干清粪 | 人工 | 粪污还田利用 |
| | 人工干清粪 | 粪沟 | 粪水达标排放 |
| | 半机械清粪 | 粪沟 | 粪水回用 |
| | 半机械清粪 | 车辆 | 异位发酵床 |
| 华北地区 | 半机械清粪 | 人工 | 粪污还田利用 |
| | 半机械清粪 | 粪沟 | 粪水达标排放 |
| | 半机械清粪 | 粪沟 | 粪水回用 |
| | 发酵床处理 | 车辆 | 异位发酵床 |
| 南方地区 | 半机械清粪 | 车辆 | 粪污还田利用 |
| | 刮粪板 | 粪沟 | 粪水达标排放 |
| | 半机械清粪 | 管道 | 粪水回用 |
| | 发酵床处理 | 车辆 | 异位发酵床 |
| 西南地区 | 半机械清粪 | 车辆 | 粪污还田利用 |
| | 刮粪板 | 粪沟 | 粪水达标排放 |
| | 半机械清粪 | 管道 | 粪水回用 |
| | 发酵床处理 | 车辆 | 异位发酵床 |

表 1-17　生猪养殖 3000 头及以上规模粪污污染防治技术集成

| 区域 | 清粪技术 | 粪污转运技术 | 粪污处理利用技术 |
|---|---|---|---|
| 东北地区 | 半机械清粪 | 人工 | 粪污还田利用 |
| | 半机械清粪 | 粪沟 | 粪水达标排放 |
| | 半机械清粪 | 粪沟 | 粪水回用 |
| | 半机械清粪 | 车辆 | 异位发酵床 |
| 西北地区 | 人工干清粪 | 人工 | 粪污还田利用 |
| | 人工干清粪 | 粪沟 | 粪水达标排放 |
| | 半机械清粪 | 粪沟 | 粪水回用 |
| | 半机械清粪 | 车辆 | 异位发酵床 |
| 华北地区 | 半机械清粪 | 人工 | 粪污还田利用 |
| | 半机械清粪 | 粪沟 | 粪水达标排放 |
| | 半机械清粪 | 粪沟 | 粪水回用 |
| | 发酵床处理 | 车辆 | 异位发酵床 |
| 南方地区 | 半机械清粪 | 车辆 | 粪污还田利用 |
| | 刮粪板清粪 | 粪沟 | 粪水达标排放 |
| | 半机械清粪 | 管道 | 粪水回用 |
| | 发酵床处理 | 车辆 | 异位发酵床 |
| 西南地区 | 半机械清粪 | 车辆 | 粪污还田利用 |
| | 刮粪板清粪 | 粪沟 | 粪水达标排放 |
| | 半机械清粪 | 管道 | 粪水回用 |
| | 发酵床处理 | 车辆 | 异位发酵床 |

　　（a）能源生态技术模式。该模式将种植业和养殖业紧密结合，把生猪养殖粪污中含有的有机物作为制造有机肥的原料，用生产加工有机肥替代化肥施用于农田，同时将农作物用于饲养畜禽。液体粪污经过发酵处理后，可以用于周边地区蔬菜、林木、农作物的灌溉；固体粪污经过简单堆肥处理后，可以用于农作物的种植（图 1-13）。该技术模式包括多种技术模式，如堆肥还田技术模式、发酵床技术模式、粪水肥料化利用技术模式、粪污能源化利用技术模式、有机肥生产技术模式、沼气工程技术模式、猪—沼—作物技术模式等。

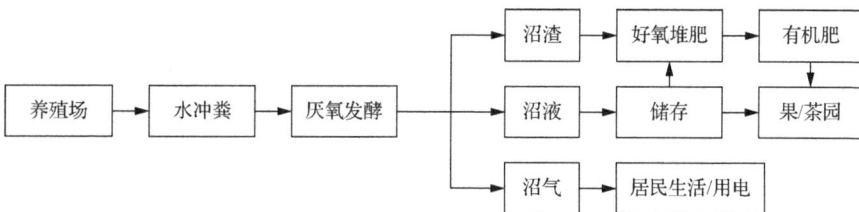

图 1-13　能源生态技术模式

（b）达标排放技术模式。该技术模式对液体粪污进行无害化处理，在达到排放标准后直接排放，将固体粪污堆肥发酵，实行肥料化利用（图1-14），如厌氧发酵—自然处理技术模式、能源环保型技术模式、猪—沼—氧化—排放技术模式等。

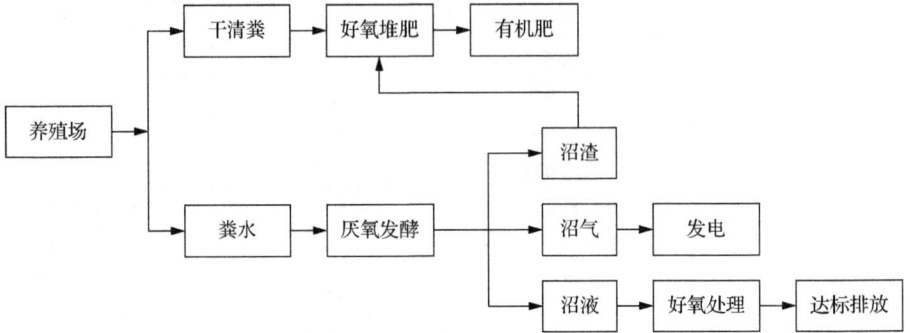

图 1-14　达标排放技术模式

（c）清洁回用技术模式。该技术模式将液体粪水经过深度处理后，用于养殖场内部冲洗，通过堆肥、发酵床垫料、栽培基质、燃料等将固体粪便进行资源化利用（图1-15），如粪便基质化利用技术模式、粪便饲料化利用技术模式、粪便燃料化利用技术模式等。

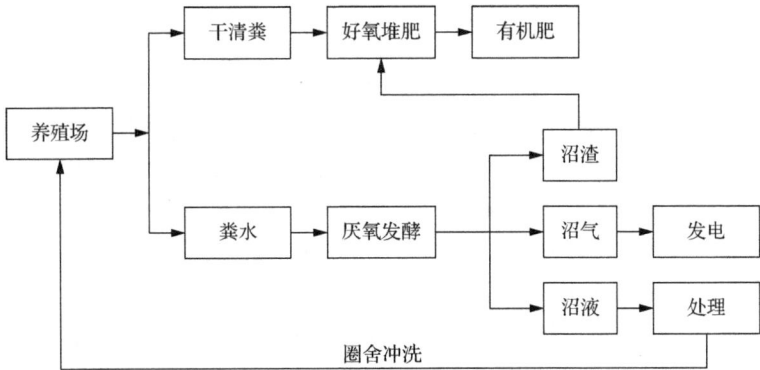

图 1-15　清洁回用技术模式

（d）发酵床处理技术模式。该技术模式是指在养殖集中区域，委托专业的粪污治理中心或依托大型养殖场，对周边地区养殖场产生的粪污实行专业化收集和运输、发酵床处理、综合利用的模式（图1-16），如集中全量化处理模式、异位发酵床模式、区域集中能源化模式等。

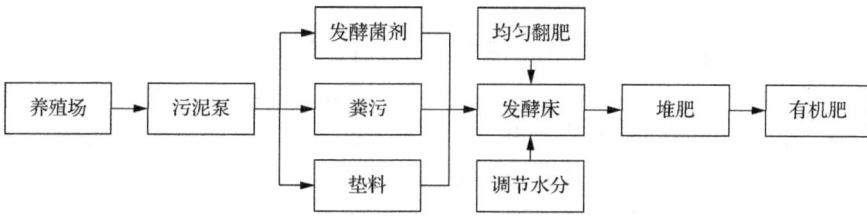

图 1-16　发酵床处理技术模式

e. 评分标准。

技术成熟度。对粪污污染防治的清粪、运输、处理过程分别进行 4 档赋分，即"优、良、中、差"评分。"优"为 12.75（不含）～17 分，"良"为 8.5（不含）～12.75 分，"中"为 4.25（不含）～8.5 分，"差"为 0～4.25 分，依据技术成熟度实际评价情况灵活选取各档分值。清粪、运输、处理环节权重分别为 20%、30%、50%。对各环节进行赋分、折权重、加和，得出技术成熟度最终得分。

技术可靠性。对粪污污染防治的清粪、运输、处理过程分别进行 4 档赋分，即"优、良、中、差"评分。"优"为 12（不含）～16 分，"良"为 8（不含）～12 分，"中"为 4（不含）～8 分，"差"为 0～4 分，依据技术可靠性实际评价情况灵活选取各档分值。清粪、运输、处理环节权重分别为 20%、30%、50%。对各环节进行赋分、折权重、加和，得出技术可靠性最终得分。

年平均运行时间。年平均运行时间满分为 4 分，设施设备年平均运行超过 8040h 得 4 分；运行 7560（不含）～8040h 得 3 分；运行 7080～7560h 得 2 分；低于 7080h 得 0 分。

区域适应性。对粪污污染防治的清粪、运输、处理过程分别进行 4 档赋分，即"优、良、中、差"评分。"优"为 6.75（不含）～9 分，"良"为 4.5（不含）～6.75 分，"中"为 2.25（不含）～4.5 分，"差"为 0～2.25 分，依据区域适应性实际评价情况灵活选取各档分值。清粪、运输、处理环节权重分别为 20%、30%、50%。对各环节进行赋分、折权重、加和，得出区域适应性最终得分。

运行管理难易程度。对粪污污染防治的清粪、运输、处理过程分别进行 4 档赋分，即"优、良、中、差"评分。"优"为 9（不含）～12 分，"良"为 6（不含）～9 分，"中"为 3（不含）～6 分，"差"为 0～3 分，依据运行管理难易程度实际评价情况灵活选取各档分值。清粪、运输、处理环节权重分别为 20%、30%、50%。对各环节进行赋分、折权重、加和得出运行管理难易程度最终得分。

占地面积。满分为 2 分，处理每百头生猪粪污设施占地面积在 0.5 亩以内得 2 分；为 0.5～1 亩得 1 分；超过 1 亩得 0 分。

工程总投资。满分为 7 分，生猪粪污污染防治工程总投资在 100 元/头以下得 7 分；为 100～200 元/头得 4 分；为 200（不含）～300 元/头得 1 分；超过 300 元/

头得 0 分。

运行成本。满分为 7 分，粪污污染防治工程运行成本在 25 元/头以下得 7 分；为 25～50 元/头得 4 分；为 50（不含）～75 元/头得 1 分；为 75 元/头以上得 0 分。

内部收益率。满分为 5 分，内部收益率超过 25%得 5 分；为 20%～25%得 3 分；为 15%～20%（不含）得 1 分；低于 15%得 0 分。

投资回收期。满分为 5 分，投资回收期低于 5 年得 5 分；为 5～7 年得 3 分；为 7（不含）～9 年得 1 分；超过 9 年得 0 分。

养分回收利用率。满分为 5 分，养分回收利用率超过 60%得 5 分；为 50%（不含）～60%得 3 分；为 40%～50%得 1 分；低于 40%得 0 分。

农田消纳面积。满分为 2 分，农田消纳面积低于 5 亩/头得 2 分；为 5～10 亩/头得 1 分；超过 10 亩/头得 0 分。

臭气排放。满分为 3 分，规模化养殖场臭气排放浓度低于 5mg/L 得 3 分；为 5～7mg/L 得 2 分；为 7（不含）～9mg/L 得 1 分；超过 9mg/L 得 0 分。

固体废弃物排放。满分为 3 分，粪污污染防治过程折合单头生猪固体废弃物排放量低于 0.15t/年得 3 分；为 0.15～0.25t/年得 2 分；为 0.25（不含）～0.35t/年得 1 分；超过 0.35t/年得 0 分。

污水排放。满分为 3 分，粪污污染防治过程折合单头生猪污水排放量低于 1t/年得 3 分；为 1～2t/年得 2 分；为 2（不含）～3t/年得 1 分；超过 3t/年得 0 分。

f. 整体解决方案。

3000 头以下规模。东北地区和西北地区的生猪养殖场优选发酵床处理技术模式，华北地区的生猪养殖场优选能源生态技术模式，南方地区和西南地区的生猪养殖场优选能源生态技术模式和发酵床处理技术模式。

3000 头以上规模。东北地区和华北地区的生猪养殖场优选能源生态技术模式和发酵床处理技术模式，西北地区的生猪养殖场优选发酵床处理技术模式，南方地区和西南地区的生猪养殖场优选能源生态和清洁回用技术模式。

生猪养殖粪污污染防治技术模式评价结果如图 1-5 所示。

（4）集约化蛋鸡养殖场粪污污染综合防治技术模式评价。

① 适用范围。蛋鸡养殖粪污污染综合防治整体解决方案适用于评价东北地区、西北地区、华北地区、南方地区、西南地区的养殖规模分别为 5000～20 000 羽、20 000～100 000 羽、100 000 羽以上的集约化蛋鸡养殖场。

② 工艺模式。

a. 清粪技术。蛋鸡养殖清粪技术主要包括传送带清粪、刮粪板清粪和人工清粪 3 种技术（王强等，2017；朱宁和秦富，2014）。

（a）传送带清粪。该系统主要由纵向清粪系统、横向清粪系统和斜向清粪系统组成，先将鸡粪由纵向传送带传输，再在鸡舍末端将鸡粪由横向传送带传送至斜向传送带，最后将鸡粪由斜向传送带传送至车辆上，并运输至堆肥厂。传送带清粪技术操作简单，清粪效率高、效果好，对蛋鸡影响较小，但前期投资大。该技术适用于养殖规模在 100 000 羽以上的蛋鸡养殖场。

（b）刮粪板清粪。该系统主要由刮粪板和动力装置组成，包括刮粪板、驱动系统、转角轮、钢绳或链条等，在鸡舍内配建粪沟。用刮粪板将粪沟内的鸡粪刮到鸡舍末端墙外的粪池内，由专门人员将粪池内的鸡粪运送至鸡场内专门的贮粪场。刮粪板清粪技术使用方便，一天可清理 2~3 次，对蛋鸡有一定影响，清粪效果和效率中等，前期投资不大。该技术适用于养殖规模为 20 000~100 000 羽的蛋鸡养殖场。

（c）人工清粪。人工清粪即人工利用铁锨、铲板、笤帚等将鸡粪收集成堆，通过人工将鸡粪装车运送至粪污储存池。人工清粪无须投资设备、操作简单灵活，但工人工作强度大、环境差、工作效率低。该技术适用于养殖规模为 5000~20 000 羽的蛋鸡养殖场。

蛋鸡养殖 3 种清粪技术需要配备的设施及设备如表 1-18 所示。

表 1-18　蛋鸡养殖 3 种清粪技术需要配备的设施及设备

| 技术 | 设施 | 设备 |
| --- | --- | --- |
| 传送带清粪 | — | 传送带、主动轮、从动轮、托辊、清粪机 |
| 刮粪板清粪 | 粪沟 | 刮粪板、驱动系统、转角轮、钢绳或链条 |
| 人工清粪 | — | 铁锨、铲板、笤帚 |

b. 粪污转运技术。粪污转运技术主要包括传送带收集—车辆运输、储存池暂存—车辆运输、小型车辆收集运输 3 种技术。

（a）传送带收集—车辆运输。通过鸡舍内的传送带将鸡粪传送至运输车或环卫垃圾收集箱。使用该技术可使鸡粪不落地，能有效减少鸡粪储存过程中的臭气挥发和环境污染。该技术操作简单，成本较高，适用于采用传送带清粪的蛋鸡养殖场。

（b）储存池暂存—车辆运输。收集鸡粪后运送至储存池暂时储存，在储存池内的鸡粪达到一定数量后，采用吸粪车或环卫垃圾收集箱将鸡粪运送至有机肥厂进行堆肥处理。鸡粪在储存过程中，对周边环境影响大。该技术操作费工费事，成本较低，适用于采用刮粪板清粪、养殖规模为 20 000~100 000 羽的蛋鸡养殖场。

（c）小型车辆收集运输。收集鸡舍内的鸡粪后，通过小型车辆直接将鸡粪运送至堆肥场地，进行粪污就地堆肥。该技术操作费工，成本低，适用于采用刮粪板清粪、养殖规模为 5000~20 000 羽的蛋鸡养殖场。

蛋鸡养殖 3 种粪污转运技术需要配备的设施及设备如表 1-19 所示。

表 1-19　蛋鸡养殖 3 种粪污转运技术需要配备的设施及设备

| 技术 | 设施 | 设备 |
|---|---|---|
| 传送带收集—车辆运输 | — | 运输车或环卫车 |
| 储存池暂存—车辆运输 | 储存池 | 小型运输车、吸粪车 |
| 小型车辆收集运输 | — | 小型运输车 |

c. 粪污处理利用技术。粪污处理利用技术主要包括第三方堆肥技术、就地堆肥技术、饲料化利用技术（养殖黑水虻作为饲料利用）和就地饲料化利用技术。

（a）第三方堆肥技术。第三方堆肥技术是指将养殖场产生的粪污交由第三方专业机构进行统一收集、集中处理，生产商品有机肥，其实施主体为第三方机构。

（b）就地堆肥技术。就地堆肥技术是指收集粪污后在养殖场周边的堆肥厂进行堆肥处理，其实施主体为养殖场。该技术适用于养殖规模为 5000～20 000 羽的小规模蛋鸡养殖场或养殖散户。

（c）饲料化利用技术。饲料化利用技术是指利用鸡粪养殖黑水虻、蛆虫等，并将其烘干后作蛋白饲料，其实施主体为蛋鸡养殖企业。将粪污运送至有一定距离的黑水虻养殖场进行饲料化利用。该技术要求设施设备完善，投资较大，适用于养殖规模较大的蛋鸡养殖场。

（d）就地饲料化利用技术。就地饲料化利用技术是指将粪污运送至养殖场周边的黑水虻养殖场进行饲料化利用。该技术对设施设备要求较低，前期投资少，适用于养殖规模为 5000～20 000 羽的蛋鸡养殖场。

蛋鸡养殖 4 种粪污处理利用技术需要配备的设施及设备如表 1-20 所示。

表 1-20　蛋鸡养殖 4 种粪污处理利用技术需要配备的设施及设备

| 技术 | 设施 | 设备 |
|---|---|---|
| 第三方堆肥技术 | 堆肥生产车间（槽式发酵）、储存车间 | 翻抛通风设备、铲车、肥料筛分机、肥料包装设备 |
| 就地堆肥技术 | 养殖车间、储存车间 | 养殖设备、人工气候箱、虫粪分离机、空调、烘干机、冰箱、翻抛机、铲车、肥料包装设备 |
| 饲料化利用技术 | 简易车间（条垛式发酵） | 小型翻抛机、发酵罐、通风系统、温控设备、搅拌机 |
| 就地饲料化利用技术 | 养殖车间、储存车间 | 养殖设备、人工气候箱、虫粪分离机、空调、烘干机、冰箱、翻抛机 |

d. 全链条粪污污染防治典型技术模式。全链条粪污污染防治典型技术模式包括传送带清粪—第三方堆肥、刮粪板清粪—第三方堆肥、刮粪板清粪—就地堆肥、传送带清粪—饲料化利用、刮粪板清粪—饲料化利用、刮粪板清粪—就地饲料化利用 6 种粪污污染防治技术模式（许俊香等，2021），并总结出适用于不同地区、不同规模蛋鸡养殖场的粪污污染防治技术（表 1-21～表 1-23）。

表 1-21　蛋鸡养殖 100 000 羽以上规模粪污污染防治技术集成

| 区域 | 清粪技术 | 粪污转运技术 | 粪污处理利用技术 |
|---|---|---|---|
| 东北地区 | 传送带清粪 | 车辆 | 第三方堆肥 |
| | 传送带清粪 | 车辆 | 饲料化利用 |
| 西北地区 | 传送带清粪 | 车辆 | 第三方堆肥 |
| | 传送带清粪 | 车辆 | 饲料化利用 |
| 华北地区 | 传送带清粪 | 车辆 | 第三方堆肥 |
| | 传送带清粪 | 车辆 | 饲料化利用 |
| 南方地区 | 传送带清粪 | 车辆 | 第三方堆肥 |
| | 传送带清粪 | 车辆 | 饲料化利用 |
| 西南地区 | 传送带清粪 | 车辆 | 第三方堆肥 |
| | 传送带清粪 | 车辆 | 饲料化利用 |

表 1-22　蛋鸡养殖 20 000～100 000 羽规模粪污污染防治技术集成

| 区域 | 清粪技术 | 粪污转运技术 | 粪污处理利用技术 |
|---|---|---|---|
| 东北地区 | 传送带清粪 | 车辆 | 第三方堆肥 |
| | 传送带清粪 | 车辆 | 饲料化利用 |
| | 刮粪板清粪 | 车辆 | 第三方堆肥 |
| | 刮粪板清粪 | 车辆 | 饲料化利用 |
| 西北地区 | 传送带清粪 | 车辆 | 第三方堆肥 |
| | 传送带清粪 | 车辆 | 饲料化利用 |
| | 刮粪板清粪 | 车辆 | 第三方堆肥 |
| | 刮粪板清粪 | 车辆 | 饲料化利用 |
| 华北地区 | 传送带清粪 | 车辆 | 第三方堆肥 |
| | 传送带清粪 | 车辆 | 饲料化利用 |
| | 刮粪板清粪 | 车辆 | 第三方堆肥 |
| | 刮粪板清粪 | 车辆 | 饲料化利用 |
| 南方地区 | 传送带清粪 | 车辆 | 第三方堆肥 |
| | 传送带清粪 | 车辆 | 饲料化利用 |
| | 刮粪板清粪 | 车辆 | 第三方堆肥 |
| | 刮粪板清粪 | 车辆 | 饲料化利用 |
| 西南地区 | 传送带清粪 | 车辆 | 第三方堆肥 |
| | 传送带清粪 | 车辆 | 饲料化利用 |
| | 刮粪板清粪 | 车辆 | 第三方堆肥 |
| | 刮粪板清粪 | 车辆 | 饲料化利用 |

表 1-23　蛋鸡养殖 5000～20 000 羽规模粪污污染防治技术集成

| 区域 | 清粪技术 | 粪污转运技术 | 粪污处理利用技术 |
| --- | --- | --- | --- |
| 东北地区 | 刮粪板清粪 | 小型车辆 | 就地堆肥 |
| | 刮粪板清粪 | 小型车辆 | 就地饲料化利用 |
| 西北地区 | 刮粪板清粪 | 小型车辆 | 就地堆肥 |
| | 刮粪板清粪 | 小型车辆 | 就地饲料化利用 |
| 华北地区 | 刮粪板清粪 | 小型车辆 | 就地堆肥 |
| | 刮粪板清粪 | 小型车辆 | 就地饲料化利用 |
| 南方地区 | 刮粪板清粪 | 小型车辆 | 就地堆肥 |
| | 刮粪板清粪 | 小型车辆 | 就地饲料化利用 |
| 西南地区 | 刮粪板清粪 | 小型车辆 | 就地堆肥 |
| | 刮粪板清粪 | 小型车辆 | 就地饲料化利用 |

（a）传送带清粪—第三方堆肥技术模式。该技术模式适用于较大养殖规模（通常为 100 000 羽以上）、采用传送带清粪技术的蛋鸡养殖场。将粪污以传送带收集—车辆运输的方式运送至第三方机构进行专业化堆肥处理，并生产商品有机肥。堆肥时间为 15～30d。有机肥可以被周边土地消纳，也可以被远距离运输到其他地区进行消纳（图 1-17）。

图 1-17　传送带清粪—第三方堆肥技术模式

（b）刮粪板清粪—第三方堆肥技术模式。该技术模式适用于中等养殖规模（通常为 20 000～100 000 羽）、采用刮粪板清粪技术的蛋鸡养殖场。将粪污暂存在储存池，由车辆运送至第三方机构进行专业堆肥处理，并用于生产商品有机肥。堆肥时间为 15～30d。有机肥可以被周边土地消纳，也可以被远距离运输到其他地区进行消纳（图 1-18）。

图 1-18　刮粪板清粪—第三方堆肥技术模式

（c）传送带清粪—饲料化利用技术模式。该技术模式适用于较大养殖规模（通常为 100 000 羽以上）、采用传送带清粪技术的蛋鸡养殖场。采用传送带收集—车辆运输的方式将粪污运送至黑水虻养殖车间进行饲料化处理,用于养殖黑水虻,获得黑水虻幼虫和有机肥料。将黑水虻幼虫作为活性饲料或蛋白源饲料的原料;将有机肥用于周边土地利用,以便就近消纳(图 1-19)。

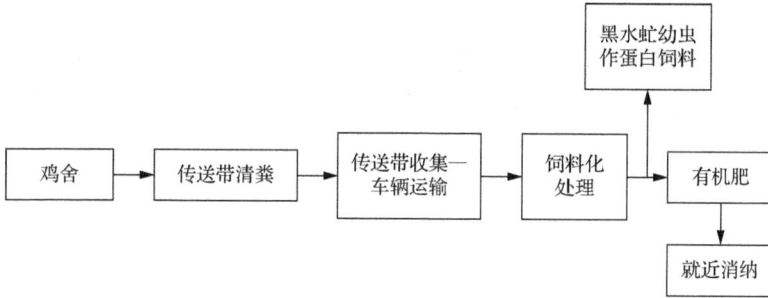

图 1-19　传送带清粪—饲料化利用技术模式

(d)刮粪板清粪—饲料化利用技术模式。该技术模式适用于中等养殖规模(通常为 20 000~100 000 羽)、采用刮粪板清粪技术的蛋鸡养殖场。将粪污暂存在储存池,储存时间不宜超过 2d,用车辆将粪污运送至黑水虻养殖车间进行饲料化处理,用于养殖黑水虻,获得黑水虻幼虫和有机肥。将黑水虻幼虫作为活性饲料或蛋白源饲料的原料;将有机肥用于周边土地利用,以便就近消纳(图 1-20)。

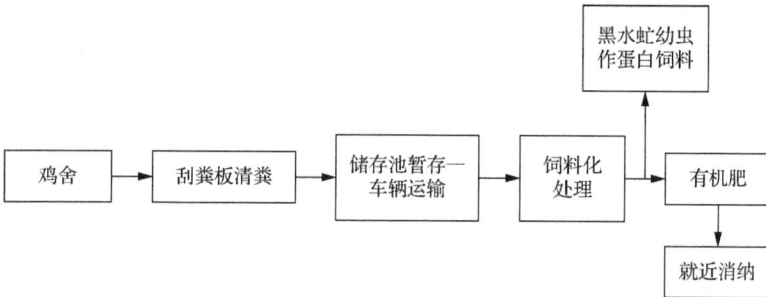

图 1-20　刮粪板清粪—饲料化利用技术模式

(e)刮粪板清粪—就地堆肥技术模式。该技术模式适用于规模较小(通常为 5000~20 000 羽)、采用刮粪板清粪技术的蛋鸡养殖场或养殖散户。用小型车辆收集粪污后运送至附近堆肥场,经堆积自然发酵成传统农家有机肥。粪污发酵时可能供氧不足,一方面,会产生较多的甲烷($CH_4$)、硫化氢($H_2S$)、氨气($NH_3$)等有害气体,污染周边环境;另一方面,如果发酵时间短,则会导致堆体不完全腐熟,施肥时可能发生烧苗现象,同时存在传播畜禽疾病和人畜共患病的危险。该技术模式下的肥料适用于就近消纳(图 1-21)。

图 1-21　刮粪板清粪—就地堆肥技术模式

（f）刮粪板清粪—就地饲料化利用技术模式。该技术模式适用于规模较小（通常为 5000～20 000 羽）、采用刮粪板清粪技术的蛋鸡养殖场或养殖散户。用小型车辆收集粪污后运送至附近的黑水虻养殖场进行饲料化处理，用于生产黑水虻，获得有机肥并就近消纳（图 1-22）。

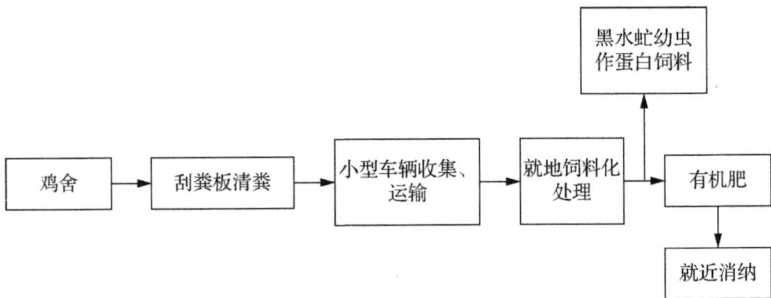

图 1-22　刮粪板清粪—就地饲料化利用技术模式

e．评分标准。

技术成熟度。对粪污污染防治的清粪、运输、处理过程分别进行 4 档赋分，即"优、良、中、差"评分。"优"为 12.75（不含）～17 分，"良"为 8.5（不含）～12.75 分，"中"为 4.25（不含）～8.5 分，"差"为 0～4.25 分，依据技术成熟度实际评价情况灵活选取各档分值。清粪、运输、处理环节权重分别为 20%、30%、50%。对各环节进行赋分、折权重、加和，得出技术成熟度最终得分。

技术可靠性。对粪污污染防治的清粪、运输、处理过程分别进行 4 档赋分，即"优、良、中、差"评分。"优"为 12（不含）～16 分，"良"为 8（不含）～12 分，"中"为 4（不含）～8 分，"差"为 0～4 分，依据技术可靠性实际评价情况灵活选取各档分值。清粪、运输、处理环节权重分别为 20%、30%、50%。对各环节进行赋分、折权重、加和，得出技术可靠性最终得分。

年平均运行时间。年平均运行时间满分为 4 分，设施设备年平均运行时间为 9000～9300h 得 3～4 分；为 9300（不含）～9600h 得 1～3 分；为 9600（不含）～9900h 得 0～1 分；为 9900h（不含）以上得 0 分。

区域适应性。对污染防治的清粪、运输、处理过程分别进行 4 档赋分，即"优、良、中、差"评分。"优"为 6.75（不含）～9 分，"良"为 4.5（不含）～6.75 分，"中"为 2.25（不含）～4.5 分，"差"为 0～2.25 分，依据区域适应性实际评价情况灵活选取各档分值。清粪、运输、处理环节权重分别为 20%、30%、50%。对各环节进行赋分、折权重、加和，得出区域适应性最终得分。

运行管理难易程度。对粪污污染防治的清粪、运输、处理过程分别进行 4 档赋分，即"优、良、中、差"评分。"优"为 9（不含）～12 分，"良"为 6（不含）～9 分，"中"为 3（不含）～6 分，"差"为 0～3 分，依据运行管理难易程度实际评价情况灵活选取各档分值。清粪、运输、处理环节权重分别为 20%、30%、50%。对各环节进行赋分、折权重、加和，得出运行管理难易程度最终得分。

占地面积。满分为 2 分，占地面积低于 600m²/万羽得 2 分；为 600～800m²/万羽得 1～2 分；为 800（不含）～1000m²/万羽得 0～1 分；超过 1000m²/万羽得 0 分。

工程总投资。满分为 7 分，工程总投资低于 70 元/羽得 7 分；为 70～85 元/羽得 6～7 分；为 85（不含）～95 元/羽得 3～6 分；为 95（不含）～105 元/羽得 0～3 分。

运行成本。满分为 7 分，运行成本为 135～145 元/羽得 5～7 分；为 145（不含）～155 元/羽得 3～5 分；为 155（不含）～165 元/羽得 0～3 分；超过 165 元/羽得 0 分。

内部收益率。满分为 5 分，内部收益率在 40% 以上得 5 分，为 30%～40% 得 4～5 分，为 20%（不含）～30% 得 3～4 分，为 10%（不含）～20% 得 1～3 分，为 0～10% 得 0～1 分。

投资回收期。满分为 5 分，投资回收期为 1.5～2.5 年得 4～5 分；为 2.5（不含）～3.5 年得 2～4 分；为 3.5（不含）～4.5 年得 0～2 分；在 4.5 年以上得 0 分。

养分回收利用率。满分为 5 分，养分回收利用率高于 95% 得 5 分；为 90%（不含）～95% 得 3～5 分；为 80%～90% 得 0～3 分；低于 80% 得 0 分。

农田消纳面积。满分为 2 分，农田消纳面积低于 90 亩/万羽得 2 分；为 90～95 亩/万羽得 1～2 分；为 95（不含）～100 亩/万羽得 0～1 分；在 100 亩/万羽以上得 0 分。

臭气排放。满分为 3 分，粪污处理转化过程臭气排放浓度为 0～10g/kg 得 2～3 分；为 10（不含）～20g/kg 得 1～2 分；为 20（不含）～30g/kg 得 0～1 分；在 30g/kg 以上得 0 分。

固体废弃物排放。满分为 3 分，折合万羽蛋鸡固体废弃物排放量为 10～25t/年得 2～3 分；为 25（不含）～40t/年得 1～2 分；为 40（不含）～55t/年得 0～1 分；超过 55t/年得 0 分。

污水排放。满分为 3 分，折合万羽蛋鸡污水排放量低于 50m³/年得 3 分；为 50～100m³/年得 1～3 分；为 100（不含）～150m³/年得 0～1 分；超过 150m³/年得 0 分。

**f. 整体解决方案。**

围绕粪污收集、运输、资源化处理、农田利用等环节，集成蛋鸡养殖粪污污染防治典型技术模式，聚焦行业需求，分畜种、分规模、分地区开展粪污污染防治全链条技术研究。从技术、经济、环境 3 个方面构建指标评价体系，确立指标权重，对技术模式展开评价。

在集约化蛋鸡养殖场粪污污染防治技术模式中，肥料化利用优于饲料化利用。传送带清粪—第三方堆肥技术模式和传送带清粪—饲料化利用技术模式适用于规模较大的蛋鸡养殖场。在东北地区，传送带清粪—第三方堆肥技术模式适用于 20 000～100 000 羽及 100 000 羽以上规模的蛋鸡养殖场；在西北地区，肥料化利用技术模式适用于 20 000～100 000 羽规模的蛋鸡养殖场；在南方地区，传送带清粪—第三方堆肥技术模式和传送带清粪—饲料化利用技术模式适用于养殖规模在 100 000 羽以上的蛋鸡养殖场；在华北地区，传送带清粪—第三方堆肥技术模式和传送带清粪—饲料化利用技术模式适用于养殖规模为 20 000～100 000 羽及 100 000 羽以上的蛋鸡养殖场；在西南地区，刮粪板清粪—就地堆肥技术模式适用于养殖规模为 5000～20 000 羽的蛋鸡养殖场（图 1-6）。

**3）技术进步分析**

围绕集约化畜禽养殖粪污污染防治，国外已经建立了基于养分管理的种养结合评价方法。德国建立了区域间的粪污转运与养分承载力制度，确立了粪污转运的适合距离、运输方式，创新研发了适用于长距离运输的粪污转运装备（O'Leary et al.，2016）；同时，基于各区域土地承载力搭建互联网监测数据，实时记录各区域粪污还田情况，科学地指导粪污转运与利用。美国开发了养分管理系统，针对不同作物制定了氮、磷、钾肥料施用标准，鼓励施用有机肥，对不同来源有机肥的氮、磷、钾含量及土地利用情况进行长期定位监测，建立了养分管理大数据库，严格管控粪污进入农田，科学规范粪污污染防治技术（Hoover et al.，2019）。国外集约化养殖情况与国内有较大的差别，其养殖场与种植基地距离较近，种养结合紧密；同时，畜禽养殖粪污处理技术模式较单一，只须控制进入农田的养分即可，无须进行系统的模式评价。国内畜禽养殖粪污处理技术和工艺复杂，肥料中的氮、磷养分含量差异大（陈润璐等，2020；乔艳等，2021），因此，国外的养分管理系统无法适用于国内复杂的养殖及粪污处理情况。

我国学者围绕集约化养殖场粪污处理技术开展了大量技术设备研发，基于厌氧发酵、好氧堆肥、异位发酵床、再生垫料等技术（毛益林，2021），对相关技术设备进行了创新研究和工艺优化，因此设备自动化水平提升较快。特别是 2016 年中央财经领导小组第十四次会议的召开，为我国畜禽粪污污染防治及资源化利用工作指明了方向。因此，除单项技术提升外，还应对污染物控制及减排等生态环境、养殖场应用技术的经济效益进行深入研究，综合解决养殖场粪污污染防治的瓶颈问题。随着国内养殖场集约化程度越来越高，研究者围绕种养结合和生态循环农业开发了能值法、生命周期法等评价方法，但仍停留在理论和验证层面，尚无法直接指导实际应用。作者基于"十二五"研究和实践基础，在充分调研全国不同地区、不同畜种的典型技术模式的基础上，创新建立了粪污污染防治全链条评价指标体系评价方法，并开展技术模式评价，为国内主要畜禽养殖粪污污染防治提供了整体解决方案，实现了从单个环节技术向全链条系统集成的转变，体现了集约化畜禽养殖粪污污染防治的系统性和整体性。

集约化畜禽养殖粪污污染防治技术模式评价方法与应用和国内外已有相关成果的对比如表1-24所示。

**表1-24 集约化畜禽养殖粪污污染防治技术模式评价方法与应用和国内外已有相关成果的对比**

| 关键技术 | 国外进展 | 国内进展 | 发展趋势 |
|---|---|---|---|
| 集约化畜禽养殖粪污污染防治技术模式评价方法与应用 | ① 德国科隆大学、慕尼黑工业大学相关学者研究了区域间的粪污转运与养分承载力制度，建立了基于土地承载力的粪污区域还田应用体系。<br>② 美国斯坦福大学、加利福尼亚州立大学伯克利分校等的相关学者建立了科学的养分管理系统，研究制定了作物种植施用粪肥系列标准，建立了针对不同作物生长周期的粪污处理标准化还田方法，并对粪污处理过程污染物产排特性进行有效监测 | ① 中国农业大学、中国农业科学院农业环境与可持续发展研究所等针对粪污污染防治各单项技术开展了关于粪污特性、经济适应性、环境承载力的评价，提出了适用于不同畜种的处理工艺，建立了基于土地承载力的粪污处理技术适应性评测方法。<br>② 中国农业机械化科学研究院、中国农业科学院农业资源与农业区划研究所等对粪污处理技术核心设备开展研究，并对粪污污染防治主要污染物监测设备进行研发，设计了智能污染物监测设备，建立了基于单项技术应用的污染物原位预警监测方法，并在养殖场开展应用研究 | ① "十二五"时期，相关学者围绕粪污处理单项技术开展技术经济环境适应性评价，开发了多种适用于集约化畜禽养殖的高效粪污处理技术，降低了运行成本和污染物排放浓度，使各单项技术水平得到质的飞跃，初步形成粪污处理后科学还田利用体系。<br>② "十三五"时期，集约化畜禽养殖粪污污染防治不再局限于单项技术的提质增效，而进一步突出粪污产生到利用的全链条粪污污染防治理念，产生了一些理论层面的评价方法，如能值法、生命周期法等。<br>③ 作者在粪污收集、运输、处理及利用环节开展了大量技术设备调研和数据收集，集成了基于沼气、垫料、发酵床等的多种典型技术模式，利用层次分析法建立了粪污污染防治指标体系和评分标准，结合中国集约化养殖场的发展需要，分地域、分畜种开展不同技术模式经济环境效应评价，为全国集约化养殖场提供粪污污染防治综合解决方案，并形成了粪污污染防治数据库，开发了综合解决方案软件评价系统，并将其应用于畜禽粪污资源化利用整县推进中 |

3. 创新点

作者采用层次分析法、专家打分法等提出15项技术、经济、环境关键指标，确立了指标权重，建立了技术模式评分标准，形成了粪污污染防治评价指标体系与方法，针对全国不同地区、不同养殖品种与养殖规模的养殖场，开展集约化养殖场适用技术模式评价，筛选出清粪、运输、处理全链条适用的技术模式，形成综合解决方案，开发了软件评价系统，并以此指导养殖大县开展畜禽养殖粪污资源化利用整县推进工作。

## 4. 技术成果应用范例与效果

### 1）应用范例

（1）集约化奶牛养殖场粪污污染防治综合解决方案示范。

示范点：河北省石家庄市鹿泉区君乐宝优致牧场。

示范点概况：示范点总占地面积 300 余亩，奶牛存栏量为 5000 头，粪污污染防治采用粪污湿发酵气肥联产+粪水储存还田利用技术模式，日产沼渣 100m³、沼液 260m³、沼气 5000m³。集约化奶牛养殖粪污污染防治工程如图 1-23 所示。

（a）集约化奶牛养殖场全景

（b）挤奶厅污水收集系统

（c）刮粪板控制系统

图 1-23　集约化奶牛养殖粪污污染防治示范工程

示范规模：日处理 130t 粪便、200t 污水。

示范过程及效果：应用综合解决方案，升级粪污处理环节刮粪板工艺，提升挤奶厅污水收集及转运效率，优化湿法厌氧发酵工艺。与改造前相比，粪污处理系统运行成本下降显著，技术经济性明显提高，降低了环境污染风险，实现了粪污全量化还田利用。

（2）集约化生猪养殖场粪污污染防治综合解决方案示范。

示范点：湖北华盖现代农业发展有限公司生猪养殖场。

示范点概况：示范点总占地面积 500 余亩，生猪存栏量为 8000 头，粪污污染防治采用能源生态技术模式，沼气用于猪舍供暖，沼液经三级沉淀池储存 180d

后全量还田。集约化生猪养殖粪污污染防治示范工程如图 1-24 所示。

图 1-24　集约化生猪养殖粪污污染防治示范工程

示范规模：日处理粪便 14t、污水 150t。

示范过程及效果：结合综合解决方案评价结果，采用漏缝地板收集猪粪，通过管道运输将猪粪直接送入粪污处理装置，并对三级沉淀池进行加盖处理。与改造前相比，粪污处理系统区域适应性显著提高，运行成本降低 42.1%，可有效控制污染物排放量。

（3）集约化蛋鸡养殖场粪污污染防治综合解决方案示范。

示范点：北京市密云区诚凯成蛋鸡养殖合作社。

示范点概况：示范点蛋鸡存栏量为 40 000～50 000 羽，采用传送带清粪—异地堆肥技术模式，年产有机肥 8 万 t，将有机肥用于周边农田果菜种植。集约化蛋鸡养殖粪污污染防治示范工程如图 1-25 所示。

（a）养殖场气体污染物原位速测设备　　　　　（b）鸡粪好氧堆肥

图 1-25　集约化蛋鸡养殖粪污污染防治示范工程

示范规模：日处理鸡粪 3 万～4 万 t。

示范过程及效果：应用综合解决方案，指导示范点建设传送带粪污收集装置，升级改造槽式堆肥场，优化堆肥工艺。与改造前相比，示范点提升了鸡粪处理能力，堆肥周期平均缩短 10d，大幅降低了臭气排放浓度，使粪便全部实现资源化利用。

此外，将集约化畜禽养殖粪污污染防治综合解决方案用于指导全国 22 个畜牧大县的畜禽养殖粪污资源化利用整县推进，科学选取粪污污染防治技术模式。

2）应用效果

将该综合解决方案用于指导集约化奶牛、生猪、蛋鸡养殖场进行粪污收集、运输、处理及利用的全链条升级改造，取得了显著的生态环境效益、经济效益及社会效益，有力提升了集约化畜禽养殖粪污污染防治水平。

（1）生态环境效益。3 个示范工程建设可减少粪便外排 7873t/年，减少污水排放 29 550t/年。22 个畜牧大县畜禽养殖粪污资源化利用整县推进，每年可减排 1100 万 t 粪便、5000 万 t 污水和 15.4 万 $m^3$ 温室气体，生态环境效益显著。

（2）经济效益。3 个示范工程经济效益平均提高 30%，累积提升 351 万元/年，农民年增收 1.5 万元以上。22 个畜牧大县开展畜禽养殖粪污资源化利用整县推进，综合经济效益达到 11 亿元/年，带动周边农民增收累计达到 23.8 亿元。

（3）社会效益。3 个示范工程通过科学改良粪污污染防治技术模式，新增就业岗位 20 余个，其中粪污收集与转运环节新增就业岗位 6 个，粪污处理及利用环节新增就业岗位 18 个。22 个畜牧大县实施畜禽养殖粪污资源化利用整县推进，间接创造就业岗位 6.6 万余个。

5. 成果应用范围

该研究成果适用于全国范围内不同规模的生猪、奶牛、蛋鸡养殖场粪污污染综合防治工作。

# 1.2 畜禽养殖场粪污减量与资源利用方案

## 1.2.1 选址方案

### 1. 技术背景

2015 年，国务院发布《水污染防治行动计划》，明确要求科学划定畜禽养殖禁养区。2016 年，环境保护部办公厅、农业部办公厅发布《畜禽养殖禁养区划定技术指南》（环办水体〔2016〕99 号）。该文件成为全国各地划定禁养区的依据，使以往畜禽养殖场建设缺乏规划布局的情况得到明显改善，但基于环境资源承载力的畜禽养殖场布局规划尚缺少科学指导。城镇土地利用规划对养殖功能区布局考虑不足（双丽莎，2015），导致畜禽养殖场布局建设缺乏空间规划依据。畜禽养殖场选址多从与水源地距离（徐亮等，2015）、人类活动安全距离、防疫距离等角度考虑，对资源承载力、环境容量制约因素缺乏认识，导致养殖规模与资源禀赋、环境容量、土地承载力不匹配，影响了环境质量。

　　对畜禽养殖资源环境承载力的研究能够为管理部门制定区域畜禽养殖业发展规划、环境管理决策等提供科学的依据和建议，促进区域畜禽养殖业的可持续发展。对于独立的集约化畜禽养殖场来说，基于资源禀赋、环境影响、经济技术、养殖要求等因素进行科学合理的选址，能够在满足各项基本要求的同时，降低对环境产生的影响，促进养殖业的绿色健康发展。

　　2. 主要技术成果

　　1）主要内容

　　集约化畜禽养殖场选址过程主要由选址设计、场址调查、场址评价、场址确定 4 个步骤组成。

　　（1）选址设计。

　　选址设计的目的是提出一个总体选址计划与原则，确定能作为场址调查阶段依据的技术要求。根据基本资源和环境条件预选场址时，主要考虑地形、气候、温度、水源、土地资源等因素。如果基本资源条件恶劣或环境条件复杂，则可同时确定几个预选方案，以便权衡比较。对环境影响进行初步评价，选址应尽量远离饮用水源、人类居住及活动场所等区域。基于畜禽养殖防疫安全要求（莫明刚，2018），选址应尽量远离其他畜禽养殖场、动物防疫场所、病死畜禽处理处置场所等区域。根据资源和环境影响初步评价结果，修改选址预选方案，并在此基础上提出理想场址和初步养殖规模计划，这是场址调查阶段工作的基础。

　　（2）场址调查。

　　场址调查是指对选址设计方案中提出的理想场址进行系统调查，以便在场址评价阶段根据调查数据资料进行场址评价，选出最优选址方案。该阶段工作主要是从资源、环境、社会经济和养殖需求等方面进行调查。场址调查主要收集选址目标所在地点的可利用建筑用地面积、可利用配套消纳土地面积、可获取水资源量、受纳水体水环境质量达标情况、可分配的污染物排放总量指标等数据资料，用于进行场址评价。场址调查应当采取现场调查与资料调查相结合的方式。现场调查主要调查与场区建设相关的地形、距离、风向等自然条件状况。资料调查主要通过收集当地土地利用规划、城乡建设规划、水资源公报、环境质量公报、环境质量监测数据等相关材料，采用与相关主管部门对接等方式，获取相关评价指标数据。

（3）场址评价。

场址评价是指对每个预选场址资源、环境、养殖等的承载情况进行综合评价，评价指标包括建筑用地承载、配套消纳土地承载、水资源承载、受纳水体水环境承载、污染物排放总量承载等。若单个评价指标超过承载上限，则可认定在设计养殖规模和污染治理模式下该选址不适宜，须在满足当地资源和环境禀赋的前提下，调整养殖场相关设计参数。

对预选场址进行建筑用地承载评价，明确该场址可用建筑用地面积是否能够容纳养殖场计划规模。按照养殖场计划规模和单位畜禽养殖所需栏舍面积测算养殖场栏舍面积，通过对全国168家符合环保要求的畜禽养殖场进行调查，测算的单位畜禽养殖所需栏舍面积如表1-25所示；按照养殖场计划污染治理工艺和《畜禽规模养殖场粪污资源化利用设施建设规范（试行）》中相关参数计算养殖场污染治理设施占地面积（表1-26）；须初步测算饲料储存、检验防疫、办公用房等设施的占地面积。综合栏舍、污染治理设施、生产生活设施等全部设施的占地面积，与预选场址的建筑用地指标进行对比，如果养殖场全部设施占地面积超过用地指标，则应对养殖场计划规模进行调整。

表1-25　单位畜禽养殖所需栏舍面积

| 畜禽种类 | 单位畜禽养殖所需栏舍面积/（m²/头或羽） |
| --- | --- |
| 生猪 | 1～1.5 |
| 奶牛 | 3～4 |
| 蛋鸡 | 0.1 |

表1-26　养殖场污染治理设施占地面积

| 设施类型 | 面积测算方法 |
| --- | --- |
| 固体粪便暂存池（场） | 按照GB/T 27622—2011执行 |
| 污水暂存池 | 按照GB/T 26624—2011执行 |
| 堆肥设施 | 生猪：0.002m³×发酵周期（d）×设计存栏量（头）；<br>奶牛：0.02m³×发酵周期（d）×设计存栏量（头）；<br>蛋鸡：0.000 07m³×发酵周期（d）×设计存栏量（头） |

对预选场址进行配套消纳土地承载评价，明确该场址可以用于消纳养殖粪污的土地面积与养殖场计划规模的匹配情况。采用排放达标模式的养殖场，应按照《畜禽粪污土地承载力测算技术指南》对畜禽养殖粪肥的养分供给量与配套消纳土地的养分需求量进行测算，如果养分供给量超过养分需求量，则应对养殖场计划规模或资源化利用方式进行调整；采用资源化利用模式的养殖场，应按照《畜禽粪污土地承载力测算技术指南》对畜禽养殖粪肥和尿污的养分供给量与配套消纳

土地的养分需求量进行测算,如果养分供给量超过养分需求量,则应对养殖场计划规模或资源化利用方式进行调整。

对预选场址进行水资源承载评价,明确养殖场计划规模所需水资源量是否在当地用水定额指标计划范围内。按照养殖场计划规模和当地畜禽养殖用水定额最高限值测算养殖场水资源需求量,全国 30 个省(自治区、直辖市)生猪、奶牛、蛋鸡养殖用水定额指标如表 1-27 所示。如果养殖生产活动所需水资源量超过用水定额指标,则应对养殖场计划规模进行调整。

表 1-27　全国 30 个省(自治区、直辖市)生猪、奶牛、蛋鸡养殖用水定额指标

| 省(自治区、直辖市) | 生猪养殖用水定额/ [L/ (d·头)] | 奶牛养殖用水定额/ [L/ (d·头)] | 蛋鸡养殖用水定额/ [L/ (d·只)] | 依据 |
|---|---|---|---|---|
| 北京 | 40.0 | 40.0 | 4.0 | 北京市用水定额 |
| 天津 | 14.2 | 53.0 | 0.15 | 《农业用水定额》(DB 12/T 698—2019) |
| 河北 | 20.0 | 60.0 | 0.5 | 《用水定额 第 1 部分: 农业用水》(DB 13/T 1161.1—2016) |
| 山西 | 50.0 | 25.0 | 1.0 | 《山西省用水定额 第 1 部分: 农业用水定额》(DB 14/T 1049.1—2020) |
| 内蒙古 | 50.0 | 60.0 | 1.0 | 《内蒙古自治区行业用水定额》(2019 年版) |
| 黑龙江 | 40.0 | 100.0 | 1.2 | 《用水定额》(DB 23/T 727—2021) |
| 吉林 | 47.0 | 270.0 | 1.5 | 《用水定额》(DB 22/T 389—2019) |
| 辽宁 | 33.0 | 78.0 | 0.7 | 《行业用水定额》(DB 21/T 1237—2020) |
| 上海 | 30.0 | 160.0 | 0.8 | 《上海市用水定额(试行)》(2021 年修订版) |
| 江苏 | — | — | — | |
| 浙江 | 20.0 | 100.0 | 0.5 | 《农业用水定额》(DB 33/T 769—2022) |
| 安徽 | 40.0 | 90.0 | 1.0 | 《安徽省行业用水定额(修订)》 |
| 福建 | 40.0 | 40.0 | 1.0 | 《行业用水定额》(DB 35/T 772—2018) |
| 江西 | 20.0 | 70.0 | 1.0 | 《江西省农业用水定额》(DB 36/T 619—2017) |
| 山东 | 7.0 | 48.0 | 0.3 | 《山东省农业用水定额》(DB 37/T 3772—2019) |
| 河南 | 30.0 | 80.0 | 0.7 | 《农业与农村生活用水定额》(DB 41/T 958—2020) |
| 湖北 | — | — | — | |
| 湖南 | 35.0 | 120.0 | 1.5 | 《用水定额》(DB 43/T 388—2020) |
| 广东 | 45.0 | 90.0 | 1.5 | 《用水定额》第 1 部分: 农业 (DB 44/T 1461.1—2021) |

续表

| 省（自治区、直辖市） | 生猪养殖用水定额/[L/（d·头）] | 奶牛养殖用水定额/[L/（d·头）] | 蛋鸡养殖用水定额/[L/（d·头）] | 依据 |
|---|---|---|---|---|
| 广西 | 40.0 | 100.0 | 1.0 | 《农林牧渔业及农村居民生活用水定额》（DB 45/T 804—2019） |
| 海南 | 28.0 | | 28.0 | 《海南省用水定额》（DB 46/T 449—2021） |
| 重庆 | 14.0 | 150.0 | 0.4 | 《重庆市畜牧业养殖用水定额（推荐值）》 |
| 四川 | 28.0 | 110.0 | 0.6 | 《四川省用水定额》（四川省人民政府2021年1月发布） |
| 贵州 | 30.0 | 75.0 | 1.0 | 《用水定额》（DB 52/T 725—2019） |
| 云南 | 45.0 | 120.0 | 1.5 | 《云南省用水定额》（2019年修订版） |
| 陕西 | 35.0 | 90.0 | 2.0 | 《行业用水定额》（DB 61/T 943—2020） |
| 甘肃 | 35.0 | 100.0 | 1.0 | 《行业用水定额 第1部分 农业用水定额》（DB 62/T 2987.1—2019） |
| 青海 | 30.0 | 40.0 | 0.5 | 《用水定额》（DB 63/T 1429—2021） |
| 宁夏 | 40.0 | 100.0 | 0.5 | 《宁夏回族自治区有关行业用水定额（修订）》（2020年9月印发） |
| 新疆 | — | — | — | — |

对预选场址进行受纳水体水环境承载评价，明确该场址建设养殖场后对周边水体的水环境质量产生的影响。采用达标排放模式的养殖场，应将《畜禽养殖业污染物排放标准》（GB 18596—2001）中的排放限值与受纳水体的水质目标进行对比，如果排放限值超过水质目标，则应考虑对养殖场污染治理方式进行调整；采用资源化利用模式的养殖场，应测算养殖设计规模下的粪肥和液肥中的污染物流失浓度，将其与受纳水体的水质目标进行对比，如果污染物流失浓度超过水质目标，则应考虑对养殖规模和污染治理方式进行调整。

对预选场址进行污染物排放总量承载评价，明确该场址养殖场设计规模对应的污染物排放总量与区域分配污染物排放总量控制指标的匹配情况。通过养殖场计划规模、单位畜禽养殖污染物产生量、区域平均污染物去除效率等指标测算养殖场污染物预计排放总量，将其与区域可分配的污染物排放总量控制指标进行对比，如果污染物预计排放总量超过污染物排放总量控制指标，则应考虑对养殖计划规模或污染治理方式进行调整。

（4）场址确定。

根据场址调查和评价结果，对预选场址进行权衡对比，选出周边资源和环境条件能承载养殖规模方案的地点；对于仅有一个预选场址且存在评价指标超出承载力的情况，应针对超载指标进行养殖计划规模或污染治理方式的调整。在确认选址后，应向所在地相关主管部门提供选址评价报告。

2）技术进步分析

现有标准规范对污染治理后排放达标的养殖场提出了明确的管理要求，但对进行资源化利用的养殖场缺乏明确的指标要求。《畜禽粪污土地承载力测算技术指南》从配套消纳土地的角度，在一定程度上指导了养殖场的布局，但缺乏基于环境全要素的养殖场规划布局方法。本书中提出的基于资源环境承载力的集约化畜禽养殖场选址方法，能够从水资源、土地资源、水环境支持等方面，衡量特定地点对具有一定养殖规模的集约化畜禽养殖场的适宜程度。在基本适宜和最适宜的评价状态下，养殖场的选址与规划不仅能从资源供给方面满足生产需求，还能降低对周边环境的影响，改变了以往畜禽养殖场选址仅从土地消纳、防疫安全等角度考虑的情况。

3. 创新点

将水资源使用量及污染物排放总量指标纳入养殖场选址适宜性评价体系，提出了基于资源环境承载力的集约化畜禽养殖场选址方法，其具有较强的可操作性和灵活性，可以评价不同畜禽种类、养殖规模、粪污处理处置方式下，养殖场在既定地点规划建设的适宜程度。对于规划建设不适宜的养殖场，用户可以根据自身需求进行畜种、规模和粪污处理方式的调整，并可以设计多套养殖场规划建设方案，进行最优比选。

4. 应用范围

本技术应用范围包括新建、改建和扩建的集约化生猪、奶牛和蛋鸡养殖场建设前期的选址布局。其他畜禽品种集约化养殖场的选址布局可参考本技术。

### 1.2.2　功能区布局方案

1. 技术背景

2018 年以来，受非洲猪瘟疫情影响，集约化生猪养殖场生产运行严格遵循疫情管理的要求（蔡辛娟，2021），严控粪污清运过程中对养殖生产带来的影响。部分集约化养殖场未做到粪污储存区的完全隔离，或粪污储存设施容积过小，导致场内粪污无法定期外运，尤其是非洲猪瘟疫情暴发前期，养殖场粪污堆积情况严重，产生环境和防疫压力。基于畜禽养殖生产与环境污染控制相结合的原则（刘梓函，2017），依据粪污产生、清扫、收集等环节的污染途径、方式与范围等，分析研究集约化养殖场内粪污处理设施之间的布局优化方法。

## 2. 主要技术成果

### 1）主要内容

作者在已有相关规定的基础上，选取了功能区布局位置、功能区隔离措施、功能区防护距离 3 个因素，利用文献调查、定量分析和经验总结等方法对 3 个因素进行重点研究。

（1）功能区布局位置。

收集整理《中华人民共和国动物防疫法》《畜禽养殖污染防治管理办法》《畜禽场场区设计技术规范》《畜禽场环境质量标准》《畜禽场环境质量及卫生控制规范》《畜禽场环境污染控制技术规范》等 16 个相关法规文件，结果显示有 13 个文件中提到了污染防治功能区布局位置（位于生产区、生活管理区的常年主导风向的下风向或侧风向），有 10 个文件中提到了污染防治功能区应位于场区地势低处。可见风向和地势是养殖场污染防治功能区布局应考虑的重要因素，具体分析结果如图 1-26 所示。

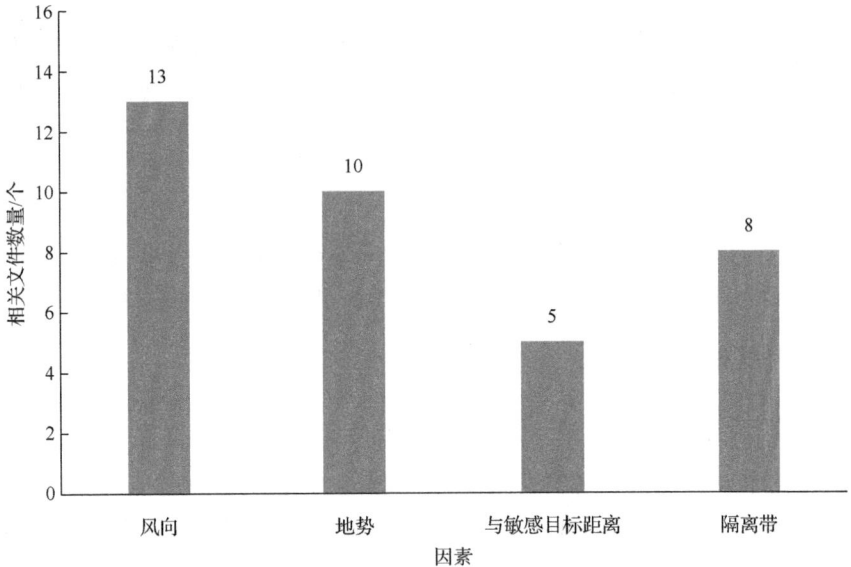

图 1-26　养殖场污染防治功能区布局因素文献分析结果

作者利用第二次全国污染源普查有关途径及相关数据，结合现场调研、问卷调查和电话咨询等方式，调查整理了 2291 家集约化养殖场的相关数据。结果显示，绝大部分养殖场的污染防治功能区布局在场区主导风向的下风向或侧风向处，此类养殖场占调研养殖场总数的 91%，略高于位于地势较低处的养殖场占比（83%），与文献分析结果一致。具体分析结果如图 1-27 所示。

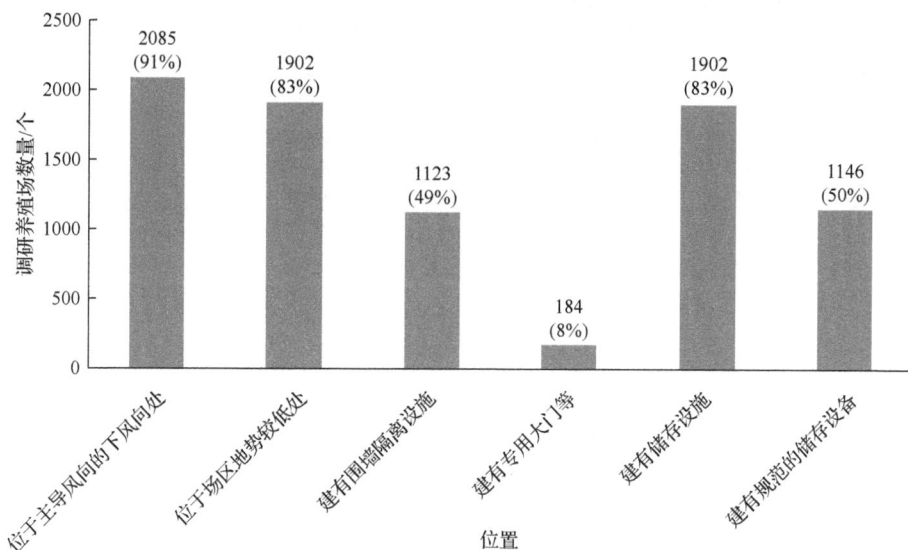

图 1-27　养殖场污染防治功能区布局位置调查分析结果

因此，养殖场污染防治功能区布局应首先考虑布局在场区主导风向的下风向或侧风向处，其次应考虑布局在场区地势较低处。

（2）功能区隔离措施。

调研结果显示，我国集约化养殖场在污染防治功能区采取有效隔离措施的只占养殖场总数的 50% 左右，其中有部分养殖场采用绿篱等措施，因此采取围墙等封闭式隔离措施的养殖场不足养殖场总数的一半。污染防治功能区隔离措施不到位，给养殖生产区、养殖生活区带来了防疫和环境风险，使养殖粪污不能及时被清运出场，这在非洲猪瘟疫情期间体现得尤为明显（秦智勇，2019）。

因此，为推进畜禽养殖业高效有序生产，应利用经验总结方法，促进集约化畜禽养殖场污染防治功能区采用围墙等封闭式隔离措施，与其他区进行有效隔离，同时建设单向通道供养殖生产区粪便转运进入（该通道不与通行通道交叉），建设专用大门和道路供粪污清出。

（3）功能区防护距离。

选取典型集约化养殖场 12 家（生猪养殖 6 家、奶牛养殖场 3 家和蛋鸡养殖场 3 家）进行粪污堆放场地周边氨浓度监测（图 1-28）。监测数据显示，夏季各点位氨浓度较其他季节高出 60%～120%，因此将夏季氨浓度数据作为分析养殖场粪污堆放场地对周边设施布局的影响的依据。

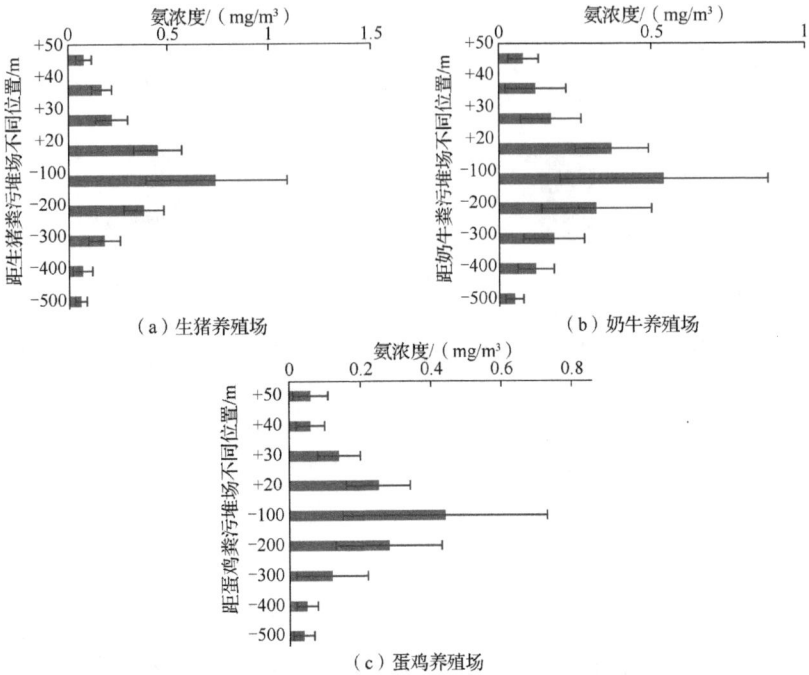

（a）生猪养殖场

（b）奶牛养殖场

（c）蛋鸡养殖场

**图 1-28　集约化养殖场粪污堆放场地周边氨浓度监测**

注：纵坐标中"+"代表粪污堆放场地上风向，"-"代表粪污堆放场地下风向。

　　氨浓度数据显示（表 1-28），生猪、奶牛和蛋鸡养殖场粪污堆放场地上风向氨浓度分别在 40m、40m 和 30m 处开始超过 0.2mg/m³（《工业企业设计卫生标准》中居住区大气中有害物质的最高允许浓度的一次浓度限值）；生猪和蛋鸡养殖场粪污堆放场地下风向 400m 处的氨浓度与背景浓度接近，奶牛养殖场下风向 500m 处的氨浓度与背景浓度一致。

**表 1-28　集约化养殖场粪污堆放场地周边氨浓度监测结果**

| 名称 | 位置/m | 氨浓度/（mg/m³） | 名称 | 位置/m | 氨浓度/（mg/m³） | 名称 | 位置/m | 氨浓度/（mg/m³） |
|---|---|---|---|---|---|---|---|---|
| 生猪养殖场（6家） | +50 | 0.08±0.04 | 奶牛养殖场（3家） | +50 | 0.08±0.05 | 蛋鸡养殖场（3家） | +50 | 0.06±0.05 |
| | +40 | 0.17±0.05 | | +40 | 0.12±0.10 | | +40 | 0.06±0.04 |
| | +30 | 0.22±0.08 | | +30 | 0.17±0.10 | | +30 | 0.14±0.06 |
| | +20 | 0.45±0.12 | | +20 | 0.37±0.12 | | +20 | 0.25±0.09 |
| | -100 | 0.74±0.35 | | -100 | 0.54±0.34 | | -100 | 0.44±0.29 |
| | -200 | 0.38±0.10 | | -200 | 0.32±0.18 | | -200 | 0.28±0.15 |
| | -300 | 0.18±0.08 | | -300 | 0.18±0.10 | | -300 | 0.12±0.10 |
| | -400 | 0.07±0.05 | | -400 | 0.12±0.06 | | -400 | 0.05±0.03 |
| | -500 | 0.06±0.03 | | -500 | 0.05±0.03 | | -500 | 0.04±0.03 |

注："位置"列中"+"代表粪污堆放场地上风向，"-"代表粪污堆放场地下风向。

　　研究结果表明，集约化生猪、奶牛和蛋鸡养殖场的养殖生产区与污染防治功能区的适宜间隔距离分别为 40m、40m 和 30m；与居民区的适宜距离分别为 400m、500m 和 400m。

2）技术进步分析

作者通过总结非洲猪瘟疫情期间的经验教训，提出在养殖场功能区必须采取建设围墙等隔离措施，确保功能区的相对封闭性，同时提出了粪污在不同功能区之间、场内与场外之间的清运要求。此外，对养殖场粪污储存设施不同扩散距离氨浓度开展现场监测，为科学制定集约化生猪、奶牛和蛋鸡养殖场污染防治功能区与养殖生产区、场外居民区的间隔距离提供量化依据。

3. 创新点

作者提出的集约化养殖场污染防治功能区布局方法，优化了养殖场污染防治功能区隔离措施及要求，为科学制定集约化生猪、奶牛和蛋鸡养殖场污染防治功能区隔离措施提供了量化依据。

4. 应用范围

本技术适用于已投产及新建、改建和扩建的集约化生猪、奶牛和蛋鸡养殖场的建设和改造。其他畜禽品种集约化养殖场的建设和改造可参考本技术。

## 1.2.3　畜禽养殖粪污养分管理方案

1. 技术背景

畜禽养殖是我国农业面源污染的主要污染源之一（董红敏，2017）。科学管理畜禽养殖粪污是养殖场面临的巨大难题，也是降低养殖业污染物排放量、实现养分资源化的现实需求（王方浩等，2008）。然而，我国畜禽养殖类型众多，畜禽养殖粪污时空变异性大，处理工艺、利用途径、农田土壤和作物类型等信息复杂且缺乏有效集成，导致用户对数据的利用和访问能力较低，增加了养殖场粪污处理的环境风险，同时造成对养分资源的管理水平不高（仇焕广等，2013）。我国传统的养殖业产排污测算和土地承载力核算模型无法满足精细提取不同区域数据的需求，而国外的粪肥综合养分管理系统与我国畜禽养殖粪污管理的实际情况相差甚远（姜海等，2016；沈根祥等，2006）。因此，亟须开发适合我国国情的畜禽养殖粪污资源管理系统，帮助决策者（如政策制定者、养殖户和技术人员）实现粪污处理技术选择和资源管理最优化（李丹阳等，2019），推动畜禽养殖粪污资源管理的数字化、网络化和智能化，为区域畜禽养殖粪污资源高效管理和污染防治提供有力支撑。

2. 主要技术成果

1）主要内容

针对我国传统的养殖业产排污测算和土地承载力核算模型无法满足相应需

求、国外粪肥综合养分管理系统不符合我国国情的难题，挖掘我国不同地理区域（华北地区、华东地区、东北地区、中南地区、西南地区、西北地区）典型畜禽养殖模式下粪污产生—收集—处理—贮存—输送—还田全过程中的氮、磷养分和重金属含量等指标参数 3000 余个，构建了粪污资源量、养分可利用潜力、粪肥重金属生物风险、土地承载力及粪肥农田安全风险等评估模型，开发了基于 Web 的畜禽养殖粪污资源管理专家系统。该系统可为生猪、奶牛、蛋鸡/肉鸡养殖场提供粪污管理风险评估和还田匹配量核算服务，为政府部门提供区域（镇域、县域）土地承载力及粪肥安全管理决策支持。

2）主要技术参数与竞争优势

畜禽养殖粪污资源管理专家系统包含养殖数据库、养殖粪污养分管理模型库和养殖粪污管理方案决策系统（图 1-29）（李丹阳等，2019）。

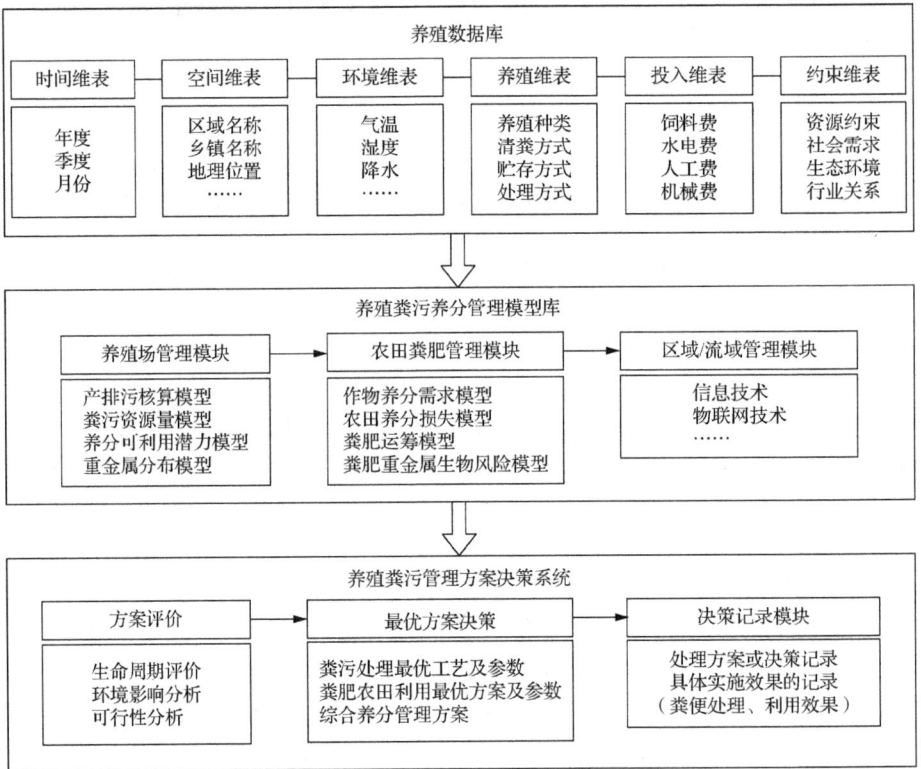

图 1-29　畜禽养殖粪污资源管理专家系统开发框架图

（1）数据是本系统建立的基础，数据库是综合数据的集合。本系统的养殖数据库来源于农业农村部在全国布设的 26 个集约化养殖粪污排放监测国控点（集约化生猪养殖场和奶牛养殖场），以及中国知网报道的近 20 年不同地理区域典型畜禽（生猪、奶牛、蛋鸡）养殖模式下粪污产生—收集—处理—贮存—输送—还田过程中的氮、磷养分和重金属含量等 3000 余个指标参数（表 1-29），为后续的模型构建提供了参数支撑。

表 1-29　畜禽养殖粪污资源管理专家系统参数信息

| 环节 | 对应参数 | 数量/个 |
|---|---|---|
| 养殖环节 | 养殖模式、种群比例 | 46 |
| 产排污环节 | 采食量、饮水量、代谢参数、产排污系数 | 82 |
| 处理环节 | 粪污收集方式、场区贮存、固液分离、固体粪便直接堆放、固体粪便好氧堆肥、液体粪便直接存放、液体粪污厌氧发酵、多级沉淀池、水生植物湿地处理等环节的养分（氮、磷）损失、养分及重金属的固液相分配比例及含量等 | 1769 |
| 输移环节 | 沟渠、吸粪车、管道输移等过程中的养分损失量等 | 264 |
| 农田消纳环节 | 田间贮存池养分损失率、还田养分利用率、土壤养分及重金属含量、作物养分需求 | 942 |
| 合计 | | 3103 |

注：截至 2020 年 8 月。

（2）养殖粪污养分管理模型库是本系统驱动的关键，影响畜禽养殖粪污资源管理专家系统的科学性和高效性。本系统的模型库由 3 个部分组成，即产生源头、处理过程和农田利用；共有 5 个模块，即粪污产生量、粪污养分资源量、粪污养分损失量及可利用潜力、粪污重金属固液相分布模型和土地承载力模型（图 1-30）。区域尺度的核算模型库由 2 个部分组成，即区域粪污资源量核算模型和区域粪污土地承载力模型。其中，区域粪污资源量核算模型的系数取自《第一次全国污染源普查畜禽养殖业源产排污系数手册》，区域畜禽粪污土地承载力和畜禽规模养殖场粪污消纳配套土地面积的测算依据为《畜禽粪污土地承载力测算技术指南》。

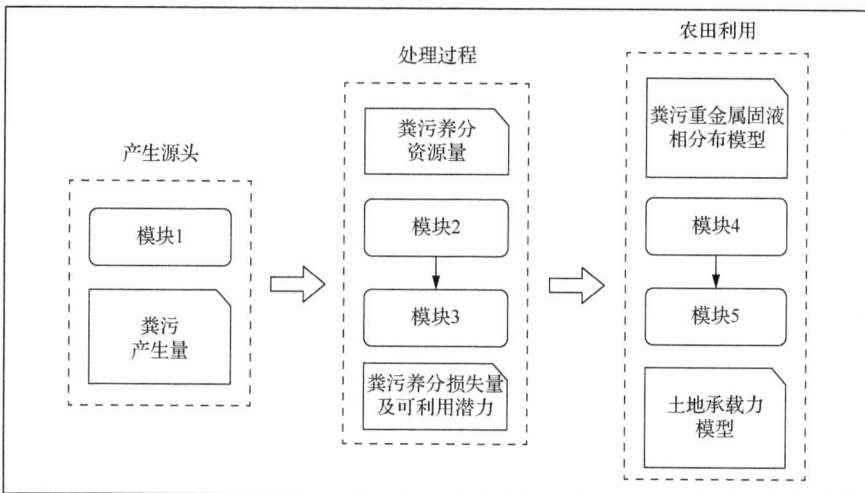

图 1-30　畜禽养殖粪污资源管理专家系统的模型构成

本系统的模型库具体如下。

① 粪污产生量。

● 单位动物粪便和尿液理论产生量为

$$QF_i = 0.53 \times F - 0.049 \qquad (1-16)$$

$$QU_i = 0.438 \times W + 0.205 \qquad (1-17)$$

式中，$QF_i$ 为养殖场中种群 $i$ 个体的单日粪便产生量，单位为 kg/（头·d）；$F$ 为某个种群个体的采食量，单位为 kg/（头·d）；$QU_i$ 为养殖场中种群 $i$ 个体的尿液产生量，单位为 kg/（头·d）；$W$ 为某个种群个体的饮水量，单位为 kg/（头·d）。

● 养殖场粪便产生量为

$$T_m = \sum A_i \times QF_i \qquad (1-18)$$

式中，$T_m$ 为养殖场单日粪便产生量，单位为 kg/d；$A_i$ 为养殖场中种群 $i$ 的存栏量，单位为头。

● 养殖场单日尿液产生量为

$$T_U = \sum A_i \times QU_i \qquad (1-19)$$

式中，$T_U$ 为养殖场单日尿液总产生量，单位为 kg/d。

● 养殖场冲洗废水产生量为

$$T_L = \sum A_i \times QL_i \qquad (1-20)$$

式中，$T_L$ 为养殖场单日冲洗废水产生量，单位为 kg/d；$QL_i$ 为养殖场中种群 $i$ 个体的单日废水产生量，单位为 kg/（头·d）。

● 养殖场粪污总产生量为

$$T = T_m + T_U + T_L \qquad (1-21)$$

式中，$T$ 为养殖场粪污总产生量，单位为 kg/d；$T_U$ 为养殖场单日尿液产生量，单位为 kg/d。

② 粪污养分资源量。

● 粪便养分量为

$$TMN = \sum A_i \times QF_i \times N_i \times 10^{-3} \qquad (1-22)$$

式中，TMN 为养殖场日产粪便中的总氮含量，单位为 kg/d；$N_i$ 为养殖场中种群 $i$ 个体粪便中的氮含量，单位为 g/kg；$10^{-3}$ 为质量转换系数。

● 尿液养分量为

$$TUN = \sum A_i \times QU_i / 1.0012 \times N_{i\_u} \times 10^{-3} \qquad (1-23)$$

式中，TUN 为养殖场日产生尿液中的总氮含量，单位为 kg/d；1.0012 为尿液的密度，单位为 kg/L；$N_{i\_u}$ 为养殖场中某个种群个体尿液中的总氮含量，单位为 g/L；

$10^{-3}$ 为质量转换系数。

● 养殖场粪污的总养分量为

$$TN = TMN + TUN + T_L N \tag{1-24}$$

式中，TN 为养殖场日产粪污中的总氮含量，单位为 kg/d；$T_L N$ 为养殖场单日冲洗废水中的氮含量，单位为 kg/d。

③ 粪污养分损失量及可利用潜力。

● 固液分离量为

$$M_{SL} = M_{TS} \times L_S \tag{1-25}$$

式中，$M_{SL}$ 为固液分离量，单位为 kg；$M_{TS}$ 为粪污总固体量，单位为 kg；$L_S$ 为固液分离效率，单位为%。

● 固液分离后养分分配模型为

$$S_{TN} = TN_A \times D_i \tag{1-26}$$

$$U_{TN} = TN_A \times D_u \tag{1-27}$$

式中，$S_{TN}$ 为固液分离环节日产固体中的总氮含量，单位为 kg/d；$TN_A$ 为进入固液分离环节的总氮含量，单位为 kg/d；$U_{TN}$ 为固液分离后液体的总氮含量，单位为 kg/d；$D_i$ 为固液分离后固相中的氮素分配比例，单位为%；$D_u$ 为固液分离后液相中的氮素分配比例，单位为%。

● 好氧堆肥环节养分损失模型为

$$C_{TN} = S_{TN} \times (100 - L_{TN}) / 100 \tag{1-28}$$

式中，$C_{TN}$ 为堆肥的总氮含量，单位为 kg/d；$L_{TN}$ 为堆肥环节氮的损失率，单位为%；100 为转换系数。

● 厌氧发酵环节氮素损失模型为

$$AD_{TN} = TN_{AA} \times (100 - L_{TN}) / 100 \tag{1-29}$$

式中，$AD_{TN}$ 为厌氧发酵产物的总氮含量，单位为 kg/d；$TN_{AA}$ 为厌氧发酵原料的总氮含量，单位为 kg/d；$L_{TN}$ 为厌氧发酵环节的氮素损失率，单位为%；100 为转换系数。

● 厌氧发酵残留物（沼液和沼渣）中养分分配模型为

$$AD_{PTN} = AD_{TN} \times P_{TN} / 100 \tag{1-30}$$

$$AD_{DTN} = AD_{TN} \times D_{TN} / 100 \tag{1-31}$$

式中，$AD_{PTN}$ 为日产沼液的总氮含量，单位为 kg/d；$AD_{DTN}$ 为日产沼渣的总氮含量，单位为 kg/d；$P_{TN}$ 为沼液中总氮的比例，单位为%；$D_{TN}$ 为沼渣中总氮的比例，单位为%；100 为转换系数。

● 沼液贮存过程氮素损失模型为

$$\mathrm{RAD_{TN}} = \mathrm{AD_{PTN}} \times (100 - L_{\mathrm{TN}i}) / 100 \qquad (1\text{-}32)$$

式中，$\mathrm{RAD_{TN}}$ 为贮存后沼液的总氮含量，单位为 kg/d；$\mathrm{AD_{PTN}}$ 为日产沼液的总氮含量，单位为 kg/d；$L_{\mathrm{TN}i}$ 为沼液贮存第 $i$ 天的氮素损失率，单位为%；100 为转换系数。

● 发酵床养分量核算模型为

$$\mathrm{FD_{TN}} = A \times Mc_i \times F_{\mathrm{TN}_{ij}} \qquad (1\text{-}33)$$

式中，$\mathrm{FD_{TN}}$ 为发酵床使用后产物中的总氮含量，单位为 kg；$A$ 为养殖场的养殖总量，单位为头；$Mc_i$ 为第 $i$ 批次发酵质量换算系数，单位为 kg/头；$F_{\mathrm{TN}_{ij}}$ 为发酵床第 $i$ 批次第 $j$ 种垫料的总氮含量，单位为 mg/kg。

④ 粪污重金属固液相分布模型。

● 粪便中的重金属含量为

$$\mathrm{TM}_j = \left(\sum A_i \times \mathrm{QF}_i\right) \times C_{m\_j} \times 10^{-3} \qquad (1\text{-}34)$$

式中，$\mathrm{TM}_j$ 为养殖场日产粪便中的重金属 $j$ 含量，单位为 kg/d；$\mathrm{QF}_i$ 为养殖场中的种群 $i$ 个体单日粪便产量，单位为 kg/（头·d）；$C_{m\_j}$ 为养殖场中的某个种群粪便中的重金属 $j$ 含量，单位为 mg/kg；$10^{-3}$ 为质量转换系数。

● 尿液中的重金属含量为

$$\mathrm{TU}_j = \left(\sum A_i \times \mathrm{QU}_i\right) \times C_{u\_j} \times 10^{-3} \qquad (1\text{-}35)$$

式中，$\mathrm{TU}_j$ 为养殖场日产尿液中的重金属 $j$ 含量，单位为 kg/d；$C_{u\_j}$ 为养殖场中的某个种群尿液中的重金属 $j$ 含量，单位为 mg/kg；$10^{-3}$ 为质量转换系数。

● 粪便中的重金属残留量为

$$\mathrm{TR}_j = (\mathrm{TM}_j + \mathrm{TU}_j) \times \prod(1 - R_{i\_j}) \qquad (1\text{-}36)$$

式中，$\mathrm{TR}_j$ 为粪污处理后重金属 $j$ 的残留量，单位为 kg/d；$R_{i\_j}$ 为粪污经 $i$ 级处理后重金属 $j$ 的消减率，单位为%。

⑤ 土地承载力模型。

● 氮素农田利用模型为

$$\mathrm{TN_{AU}} = (\mathrm{TN_{input}} - \mathrm{TN_{runoff}} - \mathrm{TN_{leaching}} - \mathrm{TN_{gas}}) \times R_{\mathrm{Nu}} \qquad (1\text{-}37)$$

式中，$\mathrm{TN_{AU}}$ 为氮素有效利用量，单位为 kg；$\mathrm{TN_{input}}$ 为输入的总氮量，单位为 kg；$\mathrm{TN_{runoff}}$ 为径流损失的氮量，单位为 kg；$\mathrm{TN_{leaching}}$ 为淋溶损失的氮量，单位为 kg；$\mathrm{TN_{gas}}$ 为气体排放损失的氮量，单位为 kg；$R_{\mathrm{Nu}}$ 为粪肥氮的当季利用率，单位为%。

● 基于重金属的安全利用年限为

$$Y = \frac{(C_S - C_0) \times (A_f \times H \times \rho)}{C_x \times M \times R_x} \times 10^3 \tag{1-38}$$

式中，$Y$ 为基于重金属的安全利用年限，单位为年；$C_S$ 为农用地土壤重金属污染风险筛选值，单位为 mg/kg；$C_0$ 为农用地土壤重金属背景值，单位为 mg/kg；$C_x$ 为输入粪肥的重金属含量，单位为 mg/kg；$M$ 为农田施用粪肥的量，单位为 kg；$R_x$ 为重金属在耕作层的留存率，它由不同的重金属类型决定，单位为%；$A_f$ 为农田施用面积，单位为 $m^2$；$H$ 为耕作层厚度，单位为 m；$\rho$ 为耕作层的土壤容重，单位为 $g/cm^3$；$10^3$ 为转换系数。

（3）养殖场粪污管理方案决策是根据本系统评估结果最终确定的粪污处理、农田利用和综合养分管理的参数、技术和方案。其中，方案评价是指运用系统性研究、定量研究等方法来分析资料、搜集证据，客观判断方案的成效与影响。此外，通过决策记录模块，记录养殖粪污处理方案或养分管理决策的具体实施效果，为后续优化决策提供重要参考。畜禽养殖粪污资源管理专家系统的评价流程如图 1-31 所示。

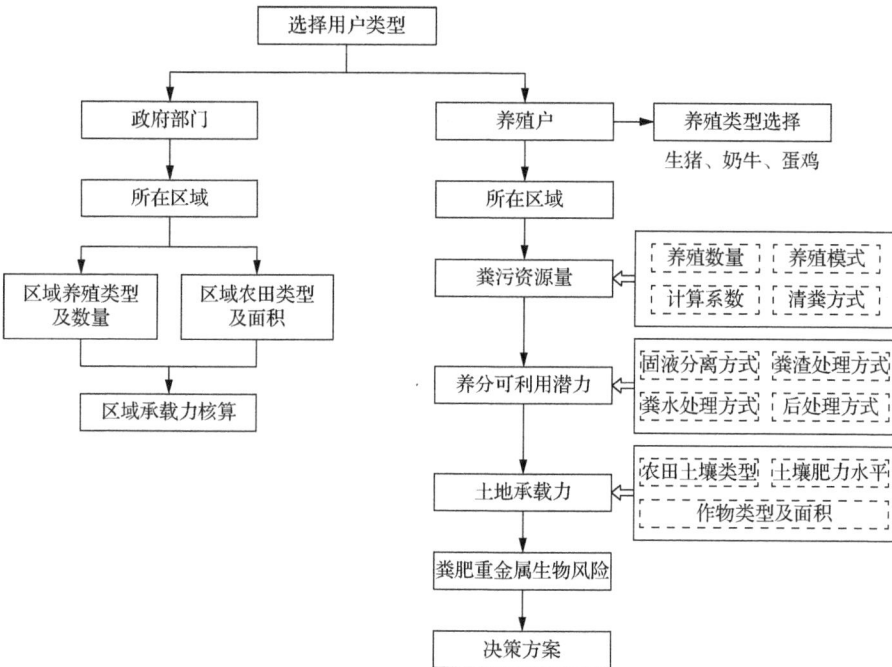

图 1-31　畜禽养殖粪污资源管理专家系统的评价流程

3）技术进步分析

与国内外同类模型系统相比，本系统具备涵盖畜禽种类全、模型参数更完善、区域划分更细致、核算及方案更精准、线上操作更便捷等特点。国内外同类模型/系统与畜禽养殖粪污资源管理专家系统的对比如表 1-30 所示。

表 1-30　国内外同类模型/系统与畜禽养殖粪污资源管理专家系统的对比

| 模型/系统名称 | 适用畜种 | 主要功能 | 局限性 |
|---|---|---|---|
| Compost-Wizard | 牲畜 | 评估堆肥化处理方案的可行性、适用性及收益 | 需要依据用户提供的数据，设计堆肥厂 |
| Co-Composter | 奶牛 | 规划和管理大型堆肥设施 | 对于模型参数，需要通过大量数据信息进行修正，依赖于用户数据信息的准确性、精确性 |
| AMANURE | 牲畜 | 制订养分管理计划 | 通过数据表形式对养殖粪污处理全过程中的养分进行管理 |
| NMAN | 畜禽 | 作为大型牲畜或家禽养殖粪污处理规划工具 | 仅适用于大型养殖场粪污农田利用管理 |
| WISPer | 生猪、奶牛 | 预估粪肥产量、计算粪肥施用量 | 基于美国威斯康星州基础数据进行设计，仅适用于威斯康星州 |
| MANMOD | 奶牛 | 评估粪便产生、粪肥生产和储存过程中各阶段营养成分的含量及损失 | 需要采用多个粪污样品，获取养分调查数据 |
| DAFOSYM | 奶牛 | 模拟包含所有农业饲料成分的全过程奶牛养殖场饲料系统 | 基于饲料系统开发，侧重于饲料种植（Rotz et al., 1989a, 1989b） |
| MCLONE3 | 生猪、奶牛 | 对粪便从生产到农田施用的全过程进行管理 | 管理液体粪污的全过程 |
| NMP for Minnesota | 牲畜 | 控制养殖粪污利用和作物粪肥施用，制订年度计划，提高净收益，保护自然资源 | 侧重于作物养分，制订粪污农田用年度计划并分析计划结果 |
| MARC | 牲畜 | 制订粪便管理规划和施用计划并保存年度记录 | 局限于管理作物肥料施用量 |
| EWREES | 牲畜 | 结合用户需求，制订多套施肥方案，解决污染问题 | 仅以减少/降低农业面源污染为目的，侧重于环境安全 |
| AEMIS | 畜禽 | 解决粪便管理问题和环境敏感的现场减量、再利用和再循环问题 | 局限于农业环境管理信息系统，侧重于养殖减量/粪污安全利用 |
| AFOPro | 奶牛 | 提供从粪便产生到成为有机肥整个过程的以氮、磷、钾养分为依据的养分管理决策 | 局限于系统基础数据，适用于美国州区（De et al., 2004；De and Bezuglov, 2006） |
| 养殖场直连直报信息平台 | 畜禽 | 主要具有畜禽粪污资源化利用监测功能，同时整合了畜牧业信息即时采集上报系统、畜禽规模养殖场信息云平台两大畜牧业统计监测系统的功能，实现了养殖场备案管理、生产效益监测、价格监测、畜禽粪污资源化利用监测、畜牧信息发布、绩效考核、信息统计监测分析和预警等功能 | 仅限于全国畜牧业管理人员使用，用于对畜禽粪污资源化利用工作的监管和考核 |

续表

| 模型/系统名称 | 适用畜种 | 主要功能 | 局限性 |
|---|---|---|---|
| 智慧畜牧养殖系统 | 牛、羊 | 主要用于牛、羊智能化养殖，监测环境数据，离群监测警报，牛、羊生理特征监测（运动量、温度）等 | 针对单个养殖场或养殖企业的具体情况，须购买定制系统 |
| 惠顺肉禽养殖管理软件 | 肉禽 | 主要用于肉禽养殖中的自拌料管理、采购管理、仓库管理、收购与销售管理、养户管理 | 适用于肉禽合作社养殖企业，或采用公司+农户模式经营的企业，须购买使用 |
| 合作社生猪管理软件 | 生猪 | 专门用于由公司提供苗料药及技术指导、由养户代养的组合生产管理模式，帮助企业统一管理养户；设置养殖参数及指标，把控养户养殖质量；组合管理苗料药采购、产品上市销售等，大大降低了企业成本 | 适用于合作社生猪管理，适用的经营模式为合作社养殖模式、家庭农场模式，须购买使用 |
| 畜禽养殖粪污资源管理专家1.0 | 畜禽 | 主要用于养殖场粪污处理及养分管理，包括场区粪污排放量测算、养分可利用量测算、环境风险点识别、农田匹配精量核算及方案优化、区域养殖粪污资源量及土地承载力核算 | 对于模型参数，需要大量数据信息进行修正，依赖于用户数据信息的准确性、精确性 |

3. 创新点

（1）本系统首次兼顾了粪污多级处理工艺特点，形成了涵盖全国主要养殖区、不同养殖类型的畜禽养殖粪污养分资源参数数据库，大幅提升了模型的科学性和核算精度，为养殖场和管理部门提供更加准确的土地承载力分析服务。

（2）本系统增加了粪污重金属固液相分布模型，为用户提供场区、镇域及流域多尺度的养殖粪污管理和利用风险点判别，有利于粪肥农田安全利用。

4. 技术成果应用范例与应用效果

1）应用范例

（1）天津市区域承载力匹配核算应用。

天津市应用本系统对区域内的养殖粪污资源及农田种植土地承载力和畜禽养殖发展空间进行核算，具体应用如下。

① 养殖业应用。生猪 187.5 万头、奶牛 11.4 万头、肉牛 14.5 万头、羊 44.9 万只、蛋鸡 1382.4 万羽、肉鸡 654.9 万羽；每年产生的畜禽养殖粪污资源量为固体粪便 457.3 万 t、液体粪污 250.5 万 t。

② 种植业应用。大田作物（小麦、水稻、玉米、大豆、棉花）合计 129.6 万亩、大白菜 82.1 万亩、甜菜 9.8 万亩、苹果 57.7 万亩、杨树 228.9 万亩；在现有种植业产业结构下，利用粪肥全部还田技术模式可承载 438.5 万个猪当量，采用

固体粪便堆肥外供+肥水就地利用技术模式可承载 884.7 万个猪当量。

综合考虑禁养区、限养区的分布及划分情况，以限养区和禁养区无新增养殖量为原则，核算畜禽养殖发展空间。采用粪肥全部还田技术模式可承载 27.3 万个猪当量，采用固体粪便堆肥外供+肥水就地利用技术模式可承载 473.4 万个猪当量。

利用本系统得到的天津市养殖粪污资源及承载力决策报告如图 1-32 所示。

| 决策报告 | | | |
|---|---|---|---|
| 粪污资源量 | | | |
| 种类 | 规模/(头或羽或只) | 固体粪便产生量/(t/年) | 液体粪污产生量/(t/年) |
| 生猪 | 1 875 000 | 1 202 994.4 | 1 500 834.4 |
| 奶牛 | 114 000 | 1 118 634.9 | 465 495.2 |
| 肉牛 | 145 000 | 794 404.3 | 375 238.3 |
| 蛋鸡 | 13 824 000 | 744 249.6 | 0 |
| 肉鸡 | 6 549 000 | 286 846.2 | 0 |
| 羊 | 449 000 | 426 101.0 | 163 885.0 |
| 合计 | — | 4 573 230.3 | 2 505 452.9 |
| 粪污消纳量 | | | |
| 作物类型 | 种植面积/亩 | 模式1/猪当量 | 模式2/猪当量 |
| 小麦 | 443 228 | 531 874 | 1 019 425 |
| 水稻 | 315 578 | 347 136 | 725 829 |
| 玉米 | 527 350 | 632 820 | 1 265 641 |
| 大豆 | 1 411 | 2 681 | 5 220 |
| 棉花 | 8 429 | 18 544 | 37 088 |
| 大白菜 | 821 000 | 985 200 | 1 888 300 |
| 苹果 | 577 000 | 461 600 | 865 500 |
| 甜菜 | 98 000 | 490 000 | 980 000 |
| 杨树 | 2 289 000 | 915 600 | 2 060 100 |
| 合计 | 5 080 996 | 4 385 455 | 8 847 103 |
| 注：模式1为粪肥全部还田；模式2为固体粪便堆肥外供+肥水就地利用 | | | |
| 承载力核算 | | | |
| 在现有种植业产业结构下，模式1能够完全消纳现有养殖粪肥，另有 272 601 个猪当量潜力；模式2能够完全消纳现有养殖场粪肥，另有 4 734 249 个猪当量潜力 | | | |

图 1-32　天津市养殖粪污资源及承载力决策报告

（2）睢宁县官山镇区域承载力匹配核算应用。

官山镇应用本系统对镇域范围内的养殖粪污资源及农田种植土地承载力和畜禽养殖发展空间进行核算，具体应用如下。

① 养殖业应用。生猪 7430 头、奶牛 2500 头、肉牛 100 头、蛋鸡 11 万羽、

肉鸡 25.5 万羽、鸭 5.5 万羽；每年产生的畜禽养殖粪污资源量为固体粪便 5.5 万 t、液体粪污 1.7 万 t，合计换算为 16.2 万个猪当量。

② 种植业应用。水稻 6.4 万亩、小麦 10.2 万亩、玉米 3500 亩；在现有种植业产业结构下，采用粪肥全部还田技术模式可承载 23.5 万个猪当量，利用固体粪便堆肥外供+肥水就地利用技术模式可承载 46.6 万个猪当量。

在现有种植业产业结构下，对应现在的养殖业现状，可知区域范围内还有承载余量。粪肥全部还田技术模式可承载 19.4 万个猪当量；固体粪便堆肥外供+肥水就地利用技术模式可承载 42.5 万个猪当量。

利用本系统得到的官山镇养殖粪污资源及承载力决策报告如图 1-33 所示。

| 决策报告 | | | |
|---|---|---|---|
| 粪污资源量 | | | |
| 种类 | 规模/（头或羽） | 固体粪便产生量/（t/年） | 液体粪污产生量/（t/年） |
| 生猪 | 7 430 | 2 732.7 | 5 715.7 |
| 奶牛 | 2 500 | 23 360.9 | 11 366.4 |
| 肉牛 | 100 | 540.2 | 325.1 |
| 蛋鸡 | 110 000 | 5 219.5 | 0 |
| 肉鸡 | 255 000 | 20 476.5 | 0 |
| 羊 | 0 | 0 | 0 |
| 鸭 | 55 000 | 2 609.8 | 0 |
| 合计 | — | 54 939.6 | 17 407.3 |
| 粪污消纳量 | | | |
| 作物类型 | 种植面积/亩 | 模式 1/猪当量 | 模式 2/猪当量 |
| 小麦 | 102 000 | 122 400 | 234 600 |
| 水稻 | 64 000 | 70 400 | 147 200 |
| 玉米 | 3 500 | 42 000 | 84 000 |
| 合计 | 201 000 | 234 800 | 4 658 000 |
| 注：模式 1 为粪肥全部还田；模式 2 为固体粪便堆肥外供+肥水就地利用 | | | |
| 承载力核算 | | | |
| 在现有种植业产业结构下，模式 1 能够完全消纳现有养殖场粪肥，另有 193 570 个猪当量潜力；模式 2 能够完全消纳现有养殖业粪肥，另有 424 570 个猪当量潜力 | | | |

图 1-33　官山镇养殖粪污资源及承载力决策报告

（3）湖北省农业科学院生猪养殖示范工程应用。

湖北省农业科学院生猪养殖示范工程位于湖北省武汉市江夏区金口街道金水闸社区，生猪养殖场基本情况及粪污处理工艺如图 1-34 所示。

| 养殖场基本信息 | |
|---|---|
| 养殖种类 | 生猪 |
| 养殖场位置 | 湖北省武汉市江夏区金口街道金水闸社区 |
| 养殖模式 | 自繁自养型养猪场 |
| 养殖数量/头 | 6000 |
| 资源量核算方式 | 按代谢率计算 |

（a）生猪养殖场基本情况

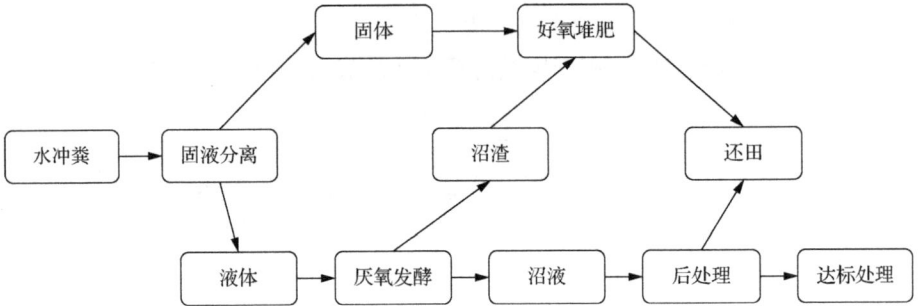

（b）粪污处理工艺

图 1-34　生猪养殖场基本情况及粪污处理工艺

利用本系统对养殖粪污资源、养分可利用潜力及土地承载力进行核算，具体应用如下。

① 养殖规模为 6000 头，养殖模式为自繁自养型。依据产排污系数法进行粪污资源量核算，每年产生的畜禽养殖粪污资源为粪便 507.2t、尿液 1334.2t；各养分产生量分别为总氮 7.3t、总磷 1.9t、总钾 3.6t。

② 粪污经多级处理后，每年可利用的养分资源量为总氮 5.9t、总磷 1.8t、总钾 3.6t；将养殖场 70%的粪污以外运的方式供给周边农田施用，将剩余的粪污由周边配套的 200 亩柑橘和 240 亩茶树消纳。经核算，养分中的氮、磷可以被现有的配套农田完全消纳。

③ 在现有的粪污处理模式下，农田可以完全消纳粪污养分；但由于该地区土壤中的重金属含量水平较高，基于粪污中的重金属含量计算，该地区对生猪养殖场粪污的安全消纳时间为 6 年。系统决策建议如下：厌氧发酵后增加沉淀池级数或水生植物塘，以减少农田重金属富集量，降低土壤重金属累积风险。

利用本系统得到的生猪养殖场粪污资源及承载力决策报告如图 1-35 所示。

| 决策报告 | | | |
|---|---|---|---|
| 粪污资源量 | | | |
| 粪便类型 | 理论产生量/ (t/年) | 养分产生量/（kg/年） | | |
| | | 总氮 | 总磷（$P_2O_5$） | 总钾（$K_2O$） |
| 粪便 | 507.2 | 4445.1 | 1392.9 | 1277.3 |
| 尿液 | 1334.2 | 2829.8 | 534.7 | 2325.5 |
| 总量 | 1841.3 | 7274.9 | 1927.6 | 3602.8 |
| 养分损失风险点 | | | |
| 粪污类型 | | 养分损失量/kg | |
| | | 总氮 | 总磷（$P_2O_5$） |
| 固液分离 | 固体 | 2783.1 | 1427.5 |
| | 液体 | 4491.8 | 500.2 |
| 好氧堆肥 | | 1053.0 | 38.2 |
| 沼气发酵 | | 254.7 | 276.4 |
| 沉淀池（一级） | | 2767.1 | 75.8 |
| 土地承载力分析 | | | |
| 指标 | | 养分可利用量/kg | |
| | | 总氮 | 总磷（$P_2O_5$） |
| 养分消纳量/kg | | 5867.2 | 1813.6 |
| 养分盈余量/kg | | 0 | 0 |
| 养分消纳率/% | | 100 | 100 |

养殖场配套农田面积为 440 亩，其中茶树为 240 亩、柑橘为 200 亩；在现有种植模式下，养殖场粪污能够被完全消纳

**重金属风险评估**

根据《土壤环境质量 农用地土壤污染风险管控标准（试行）》（GB 15618—2018）中的农用地土壤污染风险筛选值，结合养殖场粪污重金属水平和农田土壤重金属本底值，对粪肥安全利用年限进行核算，结果如下：

| 重金属类型 | Cu | Zn | As | Pb | Cr |
|---|---|---|---|---|---|
| 输入量/（kg/年） | 84.3 | 540.1 | 0.3 | 0.3 | 0.6 |
| 安全利用时间/年 | 28 | 6 | 623 | 6 196 | 3 288 |

该地区对生猪养殖场粪污的安全消纳时间为 6 年

**系统决策建议**

厌氧发酵后增加沉淀池级数或水生植物塘，以减少农田重金属富集量，降低土壤重金属累积风险

图 1-35　生猪养殖场粪污资源及承载力决策报告

（4）河北乐源牧业有限公司奶牛示范工程应用。

河北乐源牧业有限公司奶牛示范工程位于河北省石家庄市鹿泉区铜冶镇，奶牛养殖场基本情况及粪污处理工艺如图 1-36 所示。

| 养殖场基本信息 | |
|---|---|
| 养殖种类 | 奶牛 |
| 养殖场位置 | 河北省石家庄市鹿泉区铜冶镇 |
| 养殖模式 | 奶牛养殖场 |
| 养殖数量/头 | 4500 |
| 资源量核算方式 | 按产排污系数计算 |

（a）奶牛养殖场基本情况

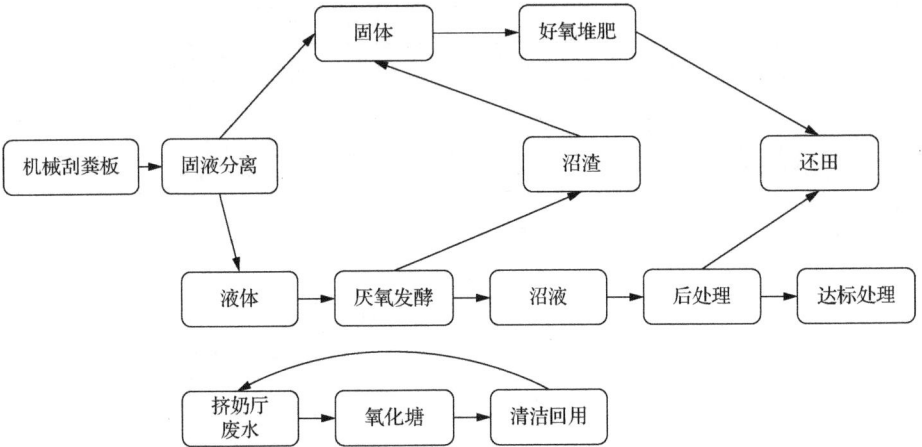

（b）粪污处理工艺

图 1-36　奶牛养殖场基本情况及粪污处理工艺

利用本系统对养殖粪污资源、养分可利用潜力及土地承载力进行核算，具体应用如下。

① 养殖行业规模为 4500 头，依据产排污系数法进行粪污资源量核算，每年产生的畜禽养殖粪污资源量为粪便 4.2 万 t、尿液 2.0 万 t，产生挤奶厅废水 1.1 万 t。各养分产生量分别为总氮 291.2t、总磷 145.0t。

② 现有周边配套农田如下：小麦 117 亩、玉米 100.7 亩、蔬菜 1.8 亩、果树 25 亩、杨树 7.5 亩。经核算现有的配套农田每年可消纳养分总氮 4.2t、总磷 4.8t。

利用本系统得到的奶牛养殖场粪污资源及承载力决策报告如图 1-37 所示。

（5）北京市农林科学院蛋鸡示范工程应用。

北京市农林科学院蛋鸡示范工程位于北京市密云区北庄镇朱家湾村，蛋鸡养殖场基本情况及粪污处理工艺如图 1-38 所示。

| 决策报告 | | |
|---|---|---|
| 粪污资源量 | | |
| 粪便类型 | 理论产生量/<br>（t/年） | 养分产生量/（kg/年） |
| | | 总氮 | 总磷（$P_2O_5$） |
| 粪便 | 42 050 | 176 608 | 142 969 |
| 尿液 | 20 459 | 114 573 | 2 046 |
| 总量 | 62 509 | 291 181 | 145 015 |
| 挤奶厅废水 | 11 165 | 201 | 765 |
| 土地承载力分析 | | |
| 指标 | 养分可利用量/（kg/年） | |
| | 总氮 | 总磷（$P_2O_5$） |
| 养分消纳量/kg | 4 222 | 4 842 |
| 养分盈余量/kg | 15 342 | 14 053 |
| 养分消纳率/% | 21.6 | 25.6 |
| 养殖场配套农田面积为 151.3 亩，其中小麦（玉米，一年两季）面积为 117 亩，杨树面积为 7.5 亩，梨树面积为 21 亩，葡萄面积为 4 亩，蔬菜面积为 1.8 亩；在现有种植模式下，养殖场粪污无法被完全消纳 | | |
| 重金属风险评估 | | |
| 根据《土壤环境质量 农用地土壤污染风险管控标准（试行）》（GB 15618—2018）中的农用地土壤污染风险筛选值，结合养殖场粪污重金属水平和农田土壤重金属本底值，对粪肥安全利用年限进行核算，结果如下： | | |

| 重金属类型 | Cu | Zn | As | Pb | Cr |
|---|---|---|---|---|---|
| 输入量/（kg/年） | 6977 | 44 661 | 22 | 25 | 53 |
| 安全施用时间/年 | 1 | 1 | 19 | 44 | 24 |

| 该区对奶牛养殖场粪污的安全消纳时间为 1 年 |
|---|
| 系统决策建议 |
| ① 提高固液分离效率，将固体粪渣外运；<br>② 增加 425 亩农田用于消纳盈余的养分；<br>③ 增加水生植物塘，提高养分和重金属的消减率 |

图 1-37　奶牛养殖场粪污资源及承载力决策报告

| 养殖场基本信息 | |
|---|---|
| 养殖种类 | 蛋鸡 |
| 养殖场位置 | 北京市密云区北庄镇朱家湾村 |
| 养殖模式 | 蛋鸡场 |
| 养殖数量/（头或羽） | 40 000 |
| 资源量核算方式 | 按产排污系数计算 |

（a）蛋鸡养殖场基本情况

图 1-38　蛋鸡养殖场基本情况及粪污处理工艺

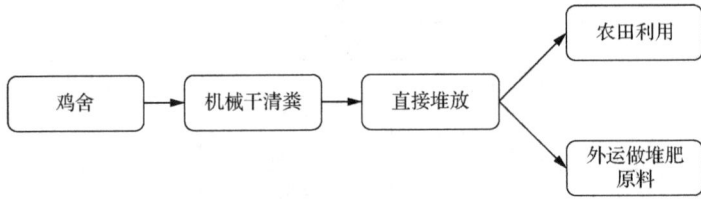

（b）粪污处理工艺

图 1-38（续）

利用本系统对养殖粪污资源、养分可利用潜力及土地承载力进行核算，具体应用如下。

① 养殖业规模为 40 000 羽，依据产排污系数法进行粪污资源量核算，每年产生的畜禽粪污资源量为粪便 1898 t。各养分产生量分别为总氮 2.3t、总磷 2.1t。

② 粪污经多级处理后，可利用的养分资源量为总氮 1.8t、总磷 2.1t。周边现有配套农田 200 亩（苹果），经核算，每年可消纳养分总氮 0.9t、总磷 0.2t。

③ 在现有的粪污处理模式下，农田不能完全消纳粪污养分。系统决策建议如下：增加消纳农田面积来消纳盈余养分。

利用本系统得到的蛋鸡养殖场粪污资源及承载力决策报告如图 1-39 所示。

| 决策报告 | | | |
|---|---|---|---|
| 粪污资源量 | | | |
| 粪便类型 | 理论产生量/（t/年） | 养分产生量/（kg/年） | |
| | | 总氮 | 总磷（$P_2O_5$） | 总钾（$K_2O$） |
| 粪便 | 1898 | 2353 | 2087 | 797 |
| 尿液 | 0 | 0 | 0 | 0 |
| 总量 | 1898 | 2353 | 2087 | 797 |
| 资源可利用量 | | | |
| 类型 | 产生量/t | 养分/（kg/年） | |
| | | 总氮 | 总磷（$P_2O_5$） | 总钾（$K_2O$） |
| 粪便 | 1809 | 1809 | 2087 | 797 |
| 尿液 | 0 | 0 | 0 | 0 |
| 总量 | 1809 | 1809 | 2087 | 797 |
| 土地承载力分析 | | | |
| 指标 | 养分可利用量/（kg/年） | |
| | 总氮 | 总磷（$P_2O_5$） |
| 养分消纳量/kg | 873 | 197 |
| 养分盈余量/kg | 216 | 1890 |
| 养分消纳率/% | 80.2 | 9.4 |

图 1-39　蛋鸡养殖场粪污资源及承载力决策报告

养殖场配套农田面积为 200 亩，种植作物为苹果。在现有种植模式下，养殖场粪污无法被完全消纳，磷素盈余较大

| 重金属风险评估 | | | | | |
|---|---|---|---|---|---|
| 根据《土壤环境质量 农用地土壤污染风险管控标准（试行）》（GB 15618—2018）中的农用地土壤污染风险筛选值，结合养殖场粪污重金属水平和农田土壤重金属本底值，对粪肥安全利用年限进行核算，结果如下： | | | | | |
| 重金属类型 | Cu | Zn | As | Pb | Cr |
| 输入量/（kg/年） | 2797 | 9011 | 79 | 25 | 108 |
| 安全施用时间/年 | 28 | 9 | 15 | 35 | 29 |
| 该区对蛋鸡养殖场粪污的安全消纳时间为 9 年 | | | | | |
| 系统决策建议 | | | | | |
| ① 每年向外运出 1628t 粪便；<br>② 增加消纳农田面积（以磷计）如下：大田 450 亩、菜地 160 亩、果园 400 亩 | | | | | |

图 1-39（续）

2）应用效果

经估算，本系统在全国范围内推广可节约氮肥 2000 万 t 以上，节约磷肥 300 万 t 以上，增加经济效益超过 1500 亿元；可降低养殖场碳排放量 30%～35%，节水 30% 以上，降低农场单位产量能耗 60%，降低土地利用强度 20%，将水土流失降低为当地平均水平的 5%；可降低养殖场户粪污处理费用 10 元/t，减少种植户每年的化肥支出 80 元/亩；有利于推动种养结合的循环农业发展，生态效益、社会效益显著。

5. 应用范围

本系统适用于全国生猪、奶牛、蛋鸡/肉鸡养殖场场区内粪污管理风险点评估和还田匹配量核算；适用于管理部门、科研单位及第三方服务企业进行粪污资源量和养分可利用潜力估算、重金属生物风险评估、土地承载力及粪肥农田安全风险评估。

# 第2章 畜禽养殖粪污收储运技术和设备

## 2.1 奶牛养殖场粪污收储运技术和设备

### 2.1.1 绿色智能型畜禽养殖粪污贮存/好氧发酵技术和设备

1. 技术背景

我国集约化畜禽养殖场产生的粪污量大且集中，因此在实现资源化利用之前应配套粪污贮存设施。但是，目前部分养殖场存在露天堆积、设施简陋和二次污染的问题，其贮存条件和智能化设备水平亟待提升。粪污贮存过程中易因厌氧作用而产生大量臭气和温室气体等，从而造成环境污染和产生潜在生态风险。作者从污染防治角度出发，通过产学研协同创新，突破了集约化养殖粪污绿色稳定贮存和智慧好氧发酵关键技术瓶颈，率先在国内研发了拥有自主知识产权的绿色智能型畜禽养殖粪污贮存/好氧发酵技术和设备，为我国集约化养殖粪污绿色贮存/好氧发酵提供了技术和设备支撑。

2. 主要技术成果

1）主要内容

聚焦集约化养殖场粪污绿色贮存和资源化利用，将功能膜覆盖工艺与智能通风技术有机结合，在贮存过程中营造微压适氧环境，既能减少堆体厌氧反应，又能使粪污处于相对稳定的状态，解决了传统粪污贮存/好氧发酵过程中因厌氧反应而产生大量臭气和温室气体的问题，为养殖场粪污的科学管理和资源化利用提供了技术支撑，打破了发达国家的技术垄断。该技术可广泛应用于粪污稳定贮存和好氧发酵生产有机肥、牛床垫料和农林基质培养等，具有显著的综合效益。

（1）系统组成。

绿色智能型畜禽养殖粪污贮存/好氧发酵系统（图 2-1）主要包括总控系统、风控系统、传感系统及覆膜系统 4 个部分（图 2-2）。通过这 4 个部分，可实现对贮存/发酵堆体温度、氧浓度、压力、管路流量等指标的实时监测、记录。获取的数据可通过 USB 接口导出，也可通过局部无线及云网络进行传输（图 2-3）。根据获取的数据，该系统可基于时间、风量、温度、氧浓度、压力等指标，采用手动、自动和反馈控制 3 种方式调节粪肥堆体的发酵通风工艺。覆膜系统则可以保证整个堆体在贮存/发酵过程中的环保性及氧气的有效利用率，同时可减少环境因素对堆体发酵的影响（孙晓曦，2020）。

图 2-1　绿色智能型畜禽养殖粪污贮存/好氧发酵系统

（a）总控系统　　　　　　　　　　　　　　　　（b）风控系统

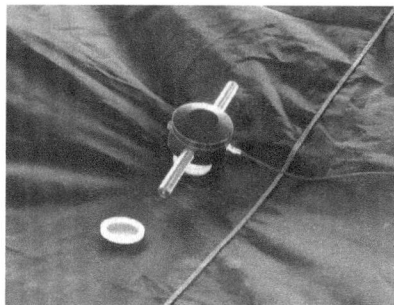

（c）传感系统　　　　　　　　　　　　　　　　（d）覆膜系统

图 2-2　绿色智能型畜禽养殖粪污贮存/好氧发酵系统的组成

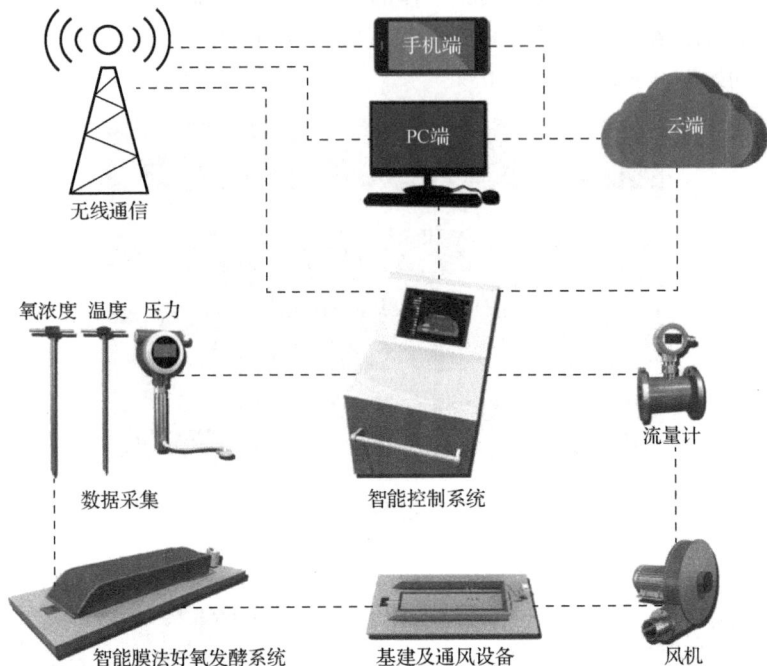

图 2-3　基于互联网的绿色智能型畜禽养殖粪污贮存/好氧发酵系统运行图

（2）核心技术。

具体如下：①选用 0.2～0.4μm 孔径的功能性复合膜覆盖于堆体上方，用风机自堆体底部进行通风供氧，空气不断涌入堆体并充满膜下空间，复合膜的微孔特性使所供空气不易快速逸散且在膜下形成千帕量级的微正压，微正压环境可增大氧气在堆体内部的扩散范围并增强其向堆体颗粒内部的渗透能力，在微观层面上促使堆体颗粒好氧区扩大、厌氧区减小，使整个堆体稳定贮存/好氧发酵程度和效率显著提高，进而减少温室气体原位产生和排放量（Fang et al.，2022）。②在贮存/好氧发酵过程中，中间产物大分子挥发性有机物受功能性复合膜的阻滞，不易在膜下降解为小分子物质，减少了排空的溶胶类物质数量。③贮存/好氧发酵过程中形成的高湿环境在膜下形成水膜层，使氨气因易溶于水的特性而快速融入水膜层并回流至堆体内，从而有效减少逸散造成的氮损和环境污染（马双双，2020）。④因为功能性复合膜的阻滞作用，堆体底部须通风量锐减，生产节能降耗明显。⑤在发酵过程中利用实时传感技术采集堆体温度、氧浓度和膜下压力等数据，并通过智能监控平台自动控制风机间歇时间，进行通风供氧。

绿色智能型畜禽养殖粪污贮存/好氧发酵设备技术工艺流程如图 2-4 所示。

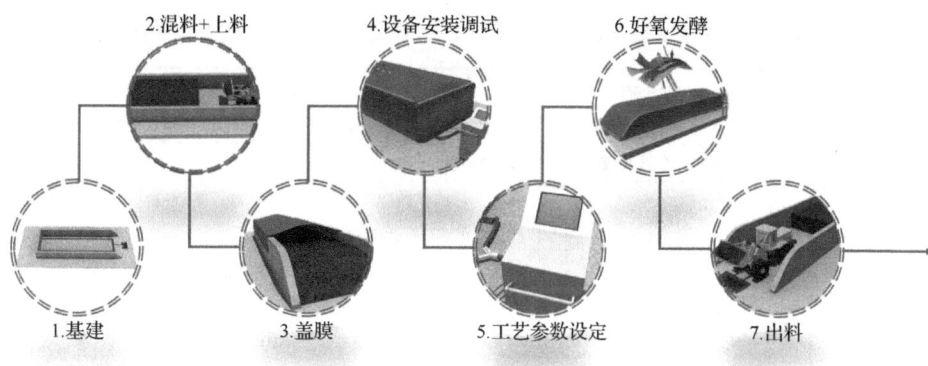

图 2-4　绿色智能型畜禽养殖粪污贮存/好氧发酵设备技术工艺流程

（3）产品特点。

① 轻简便携。该产品系统模块化程度高，系统各部件之间通过航插接头和电缆连接，易拆卸安装和维护；该产品系统集成度高，产品整体体积小，智能控制系统、风机控制系统及各传感器易携带存放。

② 智能高效。采用在线传感系统，实时监测堆体发酵参数（温度—氧浓度—压力）；采用智能控制系统，实现时间—温度—氧浓度—压力智能反馈控制，实现智能贮存/好氧发酵；采用短程无线和云端管理技术，实现场内外实时监控和手机、计算机终端查看。

③ 环保节能。选用半渗透功能膜，其膜内微孔直径为微米级，可显著固尘抑菌；在系统运行过程中，整个膜系统像气球一样鼓起来，使整个发酵系统内的氧气分布更均匀充分，增加氧气利用率，减少通风次数，具有减少通风能耗和有害气体产生量的效果。

④ 经济普适。半渗透功能膜具备防水、防风、保温功能，其气候适应性强，辅以简单的基建即可实现发酵和尾气控制，从而降低投入成本；膜覆盖辅以智能通风调控，降低了系统运行成本。该产品的系统模块化设计可满足多种需求。

2）主要技术参数与竞争优势

（1）主要技术参数。传感系统中主要包括温度在线传感器、氧浓度在线传感器、压力在线传感器及流量在线传感器。以上传感器示数均能实现实时显示，并基于预设控制方式对堆体进行通风控制。绿色智能型畜禽养殖粪污贮存/好氧发酵系统核心技术参数如表 2-1 所示。

表 2-1　绿色智能型畜禽养殖粪污贮存/好氧发酵系统核心技术参数

| 系统名称 | 部件名称 | 核心技术参数 | |
|---|---|---|---|
| 传感系统 | 温度在线传感器 | 核心探头：PT100；量程：-50～100℃；三点式测量 | |
| | 氧浓度在线传感器 | 核心探头：氧化锆；量程：0～25%；泵吸式；$V_{吸气} \geq 1.1 L/min$ | |
| | 压力在线传感器 | 核心元件：扩散硅式智能压力变送器；常规量程：0～700Pa；量程比：0～100 | |
| 风控系统 | 流量计 | 涡街式流量计工作温度：-25～100℃；压力上限：38kPa | |
| 覆膜系统 | 高分子膜 | 材质 | 中间层：聚四氟乙烯（$\phi 0.2～0.4\mu m$，厚度为 35μm）内外层：聚酯纤维 |
| | | 厚度 | 0.07mm |
| | | 重量 | 451g/m² |
| | | 抗拉强度 | 9.5kg/mm² |
| | | 水蒸气透过性能 | 7673g/（m²·24h） |
| | | 透气性 | 11.7～14.1m³/（m²·h）（200Pa） |
| | | 防水性能 | 8534mm H₂O（3kPa） |
| | | 稳定性处理 | 防紫外线、抗酸碱处理、拒水处理、电晕放电处理 |

（2）竞争优势。与传统的贮存/好氧发酵技术和设备相比，该技术和设备的应用使温室气体、氨气等综合减排，降低生产能耗 40%以上，降低投入和运维成本 20%以上，设备自动化程度和劳动生产率显著提升。

3）技术进步分析

① 与国内的露天贮存技术或者采用覆盖方式进行贮存/好氧发酵等技术相比，该技术选用的半渗透功能膜材料为聚四氟乙烯，具备防水、防风、透湿、选择性透过功能。部分有害气体、微生物、粉尘因受膜的阻碍而被保留在堆体内，部分水溶性有害气体（以氨气为主）因膜的透湿能力有限而溶于膜下形成的"水膜"，并且以液体的形式回流至堆体内，从而减少养分损失。

② 与国外粪污贮存/好氧发酵采用的通风策略相比，半渗透功能膜的覆盖提高了氧气的有效利用率，且自下而上的通风方式能够增强堆体内部微好氧环境的均匀性，并能够减少通风等生产能耗。

3. 创新点

① 该技术和设备选用的半渗透功能膜使部分有害气体、微生物、粉尘被保留在堆体内。在通风与功能膜的耦合作用下，堆体内形成了一定的"正压力"，可促使堆体内氧气的分布更为均匀，在减少臭气和温室气体产生量的同时，使堆体处于稳定贮存或高效好氧发酵状态（Fang et al.，2021）。

② 该技术和设备以可编程逻辑控制器（programmable logic controller，PLC）技术为核心，结合实时在线传感器技术、短程无线通信（如 ZigBee）技术和云通信技术等，形成了具备自主编程、数据采集、无线传输、远程控制功能的智能化控制及可视化系统。

4. 技术成果应用范例与应用效果

通过专利成果转让和技术成果转移，该技术和设备已应用于我国近 20 个省（自治区、直辖市）的 100 个地市、县的畜禽养殖粪污绿色贮存和好氧发酵处理中，适用于生产优质有机肥、牛床再生垫料和园林/花卉基质，涉及的工程数量达 100 余个，年贮存/处理养殖粪污千万吨以上，有效促进了我国集约化畜禽养殖粪污的绿色贮存和资源化利用。

1）应用范例

（1）北京首农畜牧发展有限公司奶牛养殖粪污绿色存贮试验示范。

在北京首农畜牧发展有限公司旗下的金银岛牧场应用该技术和设备，对奶牛养殖粪污固液分离后的固形物进行了为期 30d 的贮存试验示范（长 8.5m、宽 4m、高 1.5m 的绿色智能型养殖粪污贮存/好氧发酵系统）（图 2-5）。对对照组（CK：静置贮存组）采用静置贮存方式（无通风且无覆盖），而在试验组（MA：微好氧贮存组）的堆体上覆盖功能膜并进行间歇曝气，将曝气间隔设定为 10min 开、40min 关，平均曝气量约为 200m$^3$/h。采用静态箱法（箱体直径为 35cm，高度为 40cm）收集两组发酵过程中排放的气体。采集地点为堆体中部的中心及侧边，膜上的对应位置开有 25cm×25cm 的正方形取样口，周边缝有魔术贴，在曝气期间和间歇期间的第 0、10、20 和 30min 用注射器抽取约 500mL 的气体并存于 500mL 的铝箔气袋中，取样结束后将事先裁好的膜材料贴在取样口上面，以确保试验组的密封性。后续使用气相色谱仪测定氧气浓度，甲烷、二氧化碳和氧化亚氮（$N_2O$）的排放量（图 2-6）。

图 2-5　奶牛养殖粪污绿色贮存试验示范

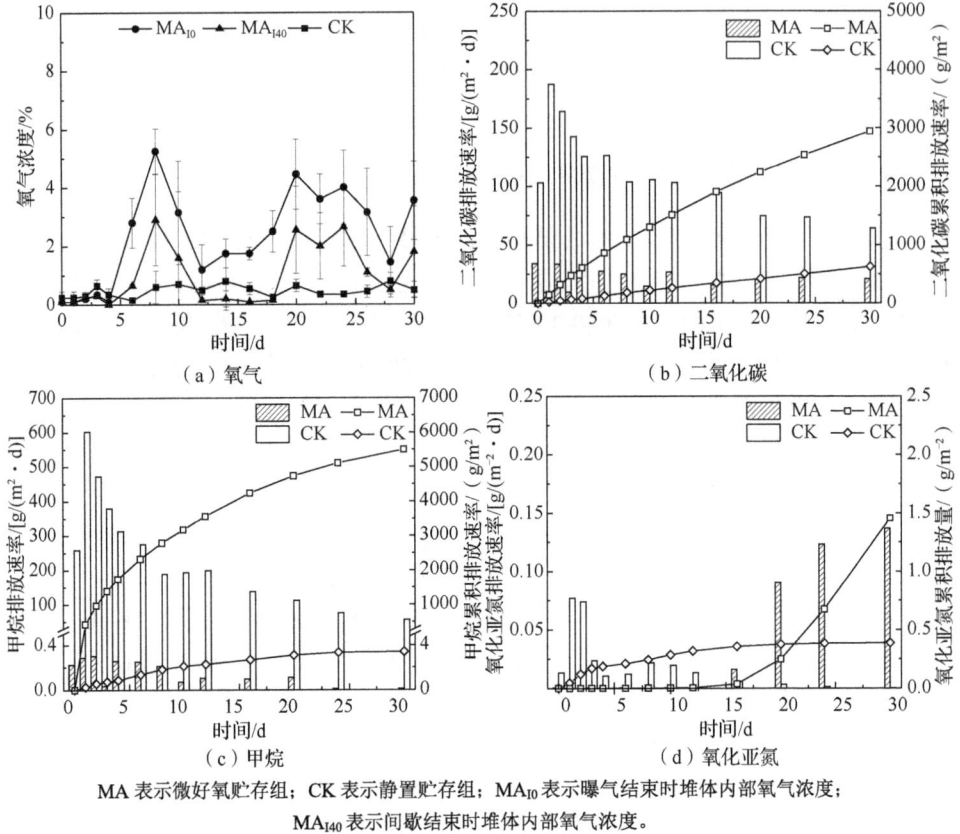

MA 表示微好氧贮存组；CK 表示静置贮存组；MA$_{I0}$ 表示曝气结束时堆体内部氧气浓度；
MA$_{I40}$ 表示间歇结束时堆体内部氧气浓度。

图 2-6　奶牛养殖粪污绿色贮存过程中的氧气浓度及主要气体排放量

在整套设备运行过程中，微好氧贮存组堆体内基本维持了 1%～5% 的微好氧环境，且微好氧环境显著改善了堆体内部的厌氧环境，从而在源头上抑制了甲烷的生成，同时半渗透功能膜上的微孔及膜下的水层能够在一定程度上阻碍甲烷通过，使膜下产生的甲烷有更多的机会被甲烷氧化菌氧化成二氧化碳，因此微好氧贮存组膜外甲烷排放量比采用无覆盖无通风的传统贮存方式的静置贮存组减少了 99.97%。此外，微好氧贮存组膜外二氧化碳和总温室气体的排放量分别比采用传统贮存方式的静置贮存组减少了 78.68% 和 91.23%，减排效果显著（Fang et al.，2022）。

（2）秦皇岛领先康地农业技术有限公司养殖粪污绿色好氧堆肥试验示范。

秦皇岛领先康地农业技术有限公司建成了长 20m、宽 6m、高 1.8m 的绿色智能型养殖粪污好氧发酵系统（图 2-7），并进行了为期 36d 的好氧堆肥试验示范。将试验原料蛋鸡粪和蘑菇渣，按质量比 3∶1（基于湿基）进行掺混，同时加入约

90kg 的微生物菌剂。在试验中设置对照组和试验组，试验变量为通风间歇时间。两组通风时间均设定为 10min，对于对照组通风间歇时间，根据好氧堆肥经验值设置为 10min（记为 10-10）；对于试验组通风间歇时间，根据先前的研究结果，从技术经济性角度考虑，设置为 30min（记为 10-30）。曝气风机功率为 2.2kW，流量为 824～1264m³/h。因试验期间为冬天，环境温度较低，故在堆肥第 6d 将曝气风机切换为加热模式，使通入气体的温度提高 0～10℃。每天在好氧堆肥堆体长度方向上的 3 个点采集堆体温度，取平均值后用来代表堆体温度（图 2-8）；于堆肥初始和第 2、4、6、8、10、12、14、16、18、20、22、24、27、30、33、36d 利用静态箱法在堆体长度方向上采集两点的膜外气体和膜内气体，取平均值后作为堆体的气体排放速率（图 2-9）；分别在堆肥初始和第 3、6、9、12、15、18、24、30、36d 采集固体代表性样本。温度测量点和取样深度均为距堆体上表面约 45cm 处。

（a）翻抛　　　　　　　　　（b）建堆　　　　　　　　　（c）控制系统

图 2-7　秦皇岛领先康地农业技术有限公司养殖粪污绿色好氧堆肥试验示范

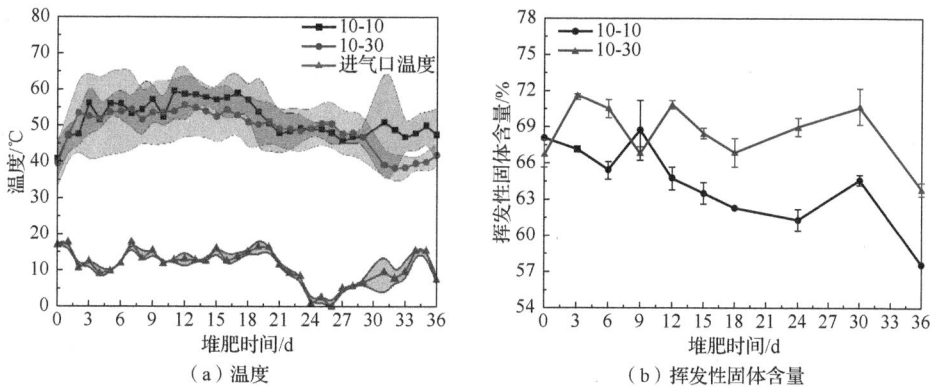

（a）温度　　　　　　　　　　　　　　　（b）挥发性固体含量

10-10 表示曝气 10min，间歇 10min；10-30 表示曝气 10min，间歇 30min。

图 2-8　养殖粪污绿色好氧堆肥过程中温度和挥发性固体含量的动态变化

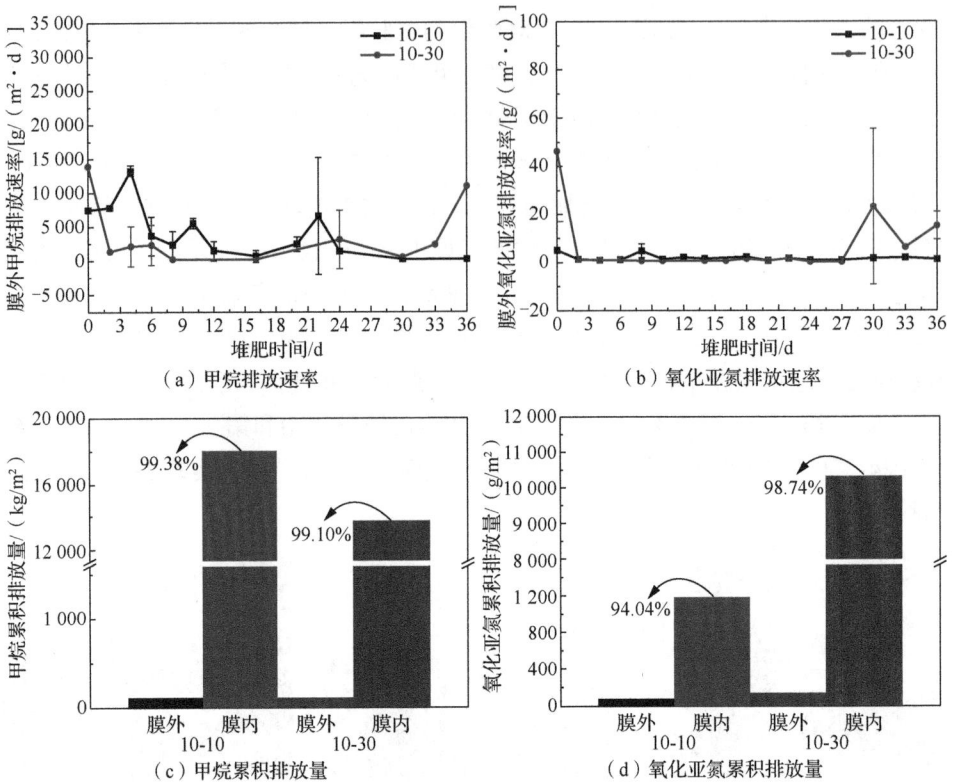

（a）甲烷排放速率

（b）氧化亚氮排放速率

（c）甲烷累积排放量

（d）氧化亚氮累积排放量

图 2-9　养殖粪污绿色好氧堆肥过程中主要温室气体含量的动态变化

该试验示范研究发现：①覆盖功能膜可有效减少甲烷、氧化亚氮和二氧化碳的排放量。与 10min（开）-30min（关）的通风方式相比，采用 10min（开）-10min（关）通风方式的膜外甲烷排放量减少了 9.68%，膜外氧化亚氮排放量减少了 88.92%，膜外二氧化碳排放量增加了 8.17%，全球增温潜势减少了 39.34%。②10min（开）-10min（关）的通风方式提高了好氧堆肥细菌群落的丰富度和多样性，且显著增加了软壁菌的相对丰度，这有利于挥发性固体的降解；不同的通风方式对高温期细菌群落结构影响较大，且 C/N（碳氮比）是影响细菌群落的主要环境因子。③芽孢杆菌与氧化亚氮排放速率呈显著正相关，解木聚糖温暖微菌与二氧化碳排放速率呈显著负相关（Ma et al.，2020）。

2）应用效果

本技术和设备的推广应用得到了农业农村部科技教育司、农业农村部畜牧业司、农业农村部农业机械化管理司、全国畜牧总站及多省（市）有关部门的高度肯定。2018 年，本技术和设备经农业农村部批准，被列入农机新产品购置补贴试点机具品目。2020 年 6 月，以该系统技术参数为基准申报了国家机械行业标准。

本技术和设备取得的生态效益、经济效益、社会效益如下。

（1）生态效益。使用本技术和设备，显著降低了贮存环节中甲烷等温室气体的排放量，研究表明，温室气体减排量可达 50%以上，显著改善了畜禽养殖场及周边的空气质量，具有良好的生态效益。

（2）经济效益。使用本技术和设备，显著提升了主要畜种集约化养殖粪污贮存的技术水平和智能化水平，从而减少了粪污贮存过程中的恶臭排放量及养分损失。贮存后的畜禽养殖粪污是生产有机肥和土壤改良剂的优质原料，具有极高的经济价值。

（3）社会效益。使用本技术和设备，提高了智能化设备和节能减排绿色技术在我国现代农业中的普及率，促进了农业生产发展与变革，提高了劳动效率，降低了劳动强度，推动了农业绿色发展。

5. 应用范围

本技术和设备适用于畜禽粪污稳定贮存过程，且当畜禽粪污含水率为 75%以下时可充分发挥其减污降碳效果；同时也可应用于畜禽粪污好氧发酵生产有机肥、牛床垫料和农林基质培养等，并提供智能化监测控制方案。

## 2.1.2　挤奶厅酸碱洗液分类收集和循环利用

1. 技术背景

改革开放以来，我国畜牧业综合生产能力显著增强，但畜牧业与环境保护之间的矛盾日益突出，畜禽养殖污染治理成为农业面源污染防治及水环境污染治理的重要内容，其中集约化奶牛场因粪污量大、处理难度高、成分复杂而受到重点关注（Herrero and Thornton，2013）。现阶段大部分集约化奶牛场主要关注末端处理环节，对挤奶厅的关注不够，难以实现对挤奶厅污水的有效回用。

2. 主要技术成果

1）主要内容

作者针对挤奶厅废水排放量大、酸碱冲击负荷高、后续处理难等问题（江晓丽，2017），创建了挤奶厅酸碱洗液分类收集和循环利用技术模式，对难处理、含盐量高的清洗剂/消毒剂用水进行单独收集，降低后续处理设施容积和处理难度，增加挤奶厅废水的回用效率。

（1）技术成果主要解决的问题。

挤奶是牛奶生产过程中的核心环节，保证牛奶的品质涉及鲜奶采集的原位清洗（cleaning in place，CIP）、待挤厅和挤奶厅的地面清洁等过程（Su and Jacobsen，

2021)。在这些过程中采用大量清水进行清洁、冲洗等，以确保挤奶区域的整洁，减少有害微生物滋生（张倩，2020）。为了减少残奶的附着结石，CIP 系统一般会采用酸碱洗液进行清洗，导致残奶与酸碱洗液混合后形成挤奶厅废水。

挤奶厅废水尤其是酸碱洗液在现有集约化奶牛场粪污处理工程中大部分是与奶牛养殖粪污混合后统一处理的（李鸿志等，2021）。研究发现，挤奶厅酸碱洗液盐分含量大、可分离性高、后续处理设施和还田影响大，因此应予以单独收集。

作者研发了挤奶厅酸碱洗液分类收集和循环利用技术模式（图 2-10），将挤奶厅酸碱洗液分为预冲洗水、冲洗水、清洗剂/消毒剂用水和后冲洗水（秦林和李鑫，2021），对难处理、含盐量高的清洗剂/消毒剂用水单独收集，降低后续处理设施容积和处理难度，提高挤奶厅废水的回用效率。

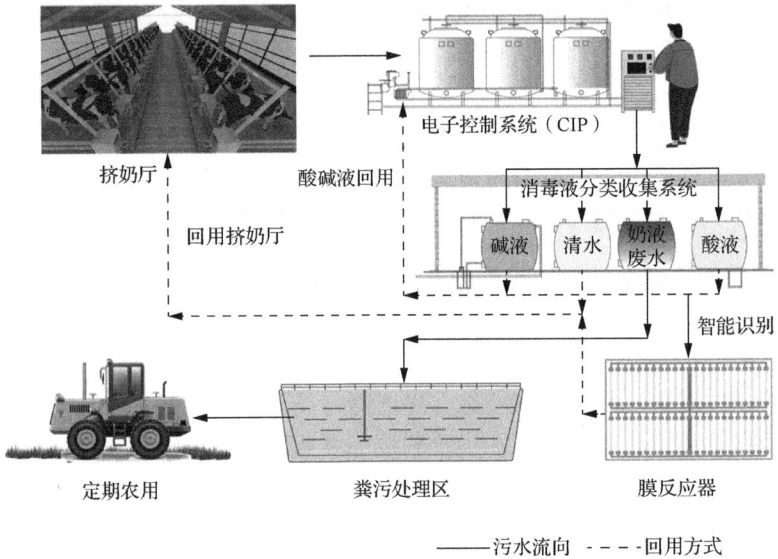

图 2-10 挤奶厅酸碱洗液分类收集和循环利用技术模式

（2）技术成果的组成。

本技术成果的实体设备由储液系统、回用系统、控制系统和外部工作用房组成。

① 储液系统。根据挤奶厅用水量设置 2～3 个周期的储存系统，预冲洗水和后冲洗水储存采用高密度聚乙烯（high density poly-ethylene，HDPE）罐体；对于冲洗水如果无回用需求，则可直接与养殖场内粪污管道连接，如果有回用需求，则可采用 HDPE 罐体；清洗剂/消毒剂用水分为酸液罐和碱液罐，选用材质 304 以上防腐不锈钢结构罐体，壁厚为 0.3～0.6mm，内部有单独的增温系统和电导率探头。储液系统如图 2-11 所示。

图 2-11　储液系统

② 回用系统。回用系统将 CIP 系统与酸液罐和碱液罐内的电导率探头相结合共同运作，根据需要设置不同的电导率区间，控制酸碱清洗液的自动添加和废液的排放，保证挤奶厅系统的清洗效率（图 2-12）。

（a）罐体

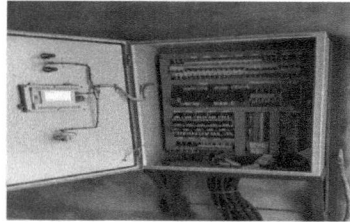

（b）控制系统

图 2-12　回用系统

③ 控制系统。控制系统主要由 4 台低扬程、大流量的自吸泵提供动力，其扬程为 10m/h，流量为 30m³/h，通过电磁流量计和电磁阀控制系统运行，整体显示采用嵌入式一体化触摸屏，型号为 TPC7062HI，它为整个系统提供控制功能（图 2-13）。

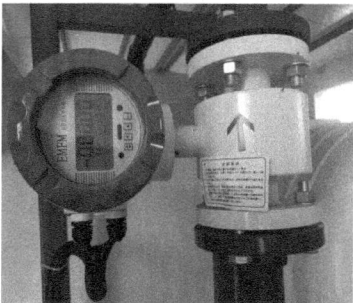

（a）仪表

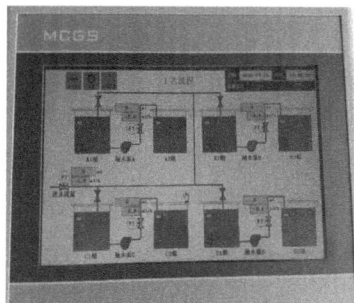

（b）人机界面

图 2-13　控制系统

④ 外部工作用房。外部工作用房主要为设施提供防雨、防渗、保温（北方地区）功能，主体结构根据具体布局不同，可分为地上砖混结构和地下钢砼结构，顶部为压型彩钢板，并设置出入口（图 2-14）。北方地区的地上砖混结构要求达到室内保温要求。

图 2-14　外部工作用房

（3）技术成果的主要工作流程。

挤奶厅酸碱洗液分类收集和循环利用系统在挤奶之前就进入工作状态。大部分奶牛养殖场在挤奶之前会对 CIP 的管道进行预冲洗，以清除管道内的浮灰和残存的清洗液体。该部分预冲洗水性质稳定、水质较好，基本等同于区域内的地下水或自来水水质。可将其收集至储液系统内，以备在养殖场其他位置进行重复利用。

在挤奶厅经过正常的挤奶流程后，必须对挤奶设备进行清洗并彻底消毒。一般来说，在挤奶结束后应马上用清水冲洗挤奶后设备内表面的残余牛奶，将水温控制在 36~45℃，冲洗应进行到排出的水为澄清状态为止。该部分水为冲洗水，如果无回用需求，则可直接与养殖场内的粪污管道连接，也可储存后用于待挤厅的冲洗。

冲洗挤奶厅后应根据不同挤奶次数选择酸碱洗液进行清洗消毒。目前，国内牧场对挤奶设备的清洗普遍采用"两碱一酸"的 CIP 清洗程序，即每天 3 次挤奶的牧场在早班和晚班用碱清洗挤奶设备，在中班用酸清洗挤奶设备；每天两次挤奶的牧场先用碱清洗两次，再用酸清洗一次。清洗完的酸碱洗液进入酸液罐和碱液罐。根据酸碱洗液消耗情况、电导率变化，自动选择添加酸碱洗液并保温后重复冲洗或直接排放酸碱洗液至后续处理设施。

用酸碱洗液冲洗后应立刻用 35~40℃的温水冲洗 5min。该部分水为后冲洗水，与预冲洗水混合后进入储液系统，用于养殖场其他位置的重复利用。

2）主要技术参数与竞争优势

以 1000 头规模的奶牛养殖场为例，根据养殖方式、污水收集方式、养殖管理和清粪工艺的不同，日污水产排量一般为 25～50t，挤奶厅废水产生量为 3～10t，占养殖场污水产生量的 12%～20%。其中，通过分类收集可回收利用的挤奶厅废水为 2～6t，可直接回用的挤奶厅废水为 1～5t，分离效率在 90% 以上，酸碱洗液回收利用率达到 20%，后续粪污治理设施总投资下降 3%～5%。养殖场用水日减少 3～5t，后续粪污治理设施按 60d 贮存期计算可减少约 300m³（表 2-2）。

表 2-2　成本效益分析表

| 设备投资/万元 | 日常运维/（万元/年） | 节水量/（t/d） | 节约成本/（万元/年） | 粪污设施减少容积/m³ | 投资降低/万元 | 成本回收时间/年 |
| --- | --- | --- | --- | --- | --- | --- |
| 31 | 0.5 | 10 | 1.8 | 300 | 27 | 3 |

3）技术进步分析

技术进步分析如表 2-3 所示。目前本技术在国外未见报道，且国内多数奶牛养殖场未考虑对挤奶厅的废水、污水进行循环利用。

表 2-3　技术进步分析

| 已有成果 | 是否有同类技术 | 技术进步分析 |
| --- | --- | --- |
| 国内 | 酸碱洗液循环技术被极少数奶牛养殖场采用。大部分奶牛养殖场未考虑挤奶厅废水、污水循环利用 | 细分了挤奶厅污水的类别，不局限于酸碱洗液的循环使用，提高了集约化奶牛养殖场蓝水资源的利用效率，减少了奶牛养殖场污水的产生总量 |
| 国外 | 未有相同技术 | 首次出现 |

3. 创新点

（1）研发了一套用于集约化奶牛养殖场挤奶厅酸碱洗液分类收集和循环利用的设备，结合整个挤奶系统，可减少挤奶厅的污水排放量、增加废水回用量，实现集约化奶牛养殖场从源头节能减排。

（2）构建了一套集约化奶牛养殖场挤奶厅酸碱洗液分类收集和循环利用技术，科技查新结果显示，本技术在国内外尚属首创，将填补我国从集约化奶牛养殖场源头节能减排的技术空白。

4. 技术成果应用范例与效果

1）应用范例

天津神驰农牧发展有限公司位于天津市滨海新区大港中塘镇甜水井村（图 2-15），占地面积为 246 666m²，建筑面积为 59 800m²，泌乳牛舍为 4 栋，设计存栏量为 5000 头。该公司周边自有苜蓿种植面积为 6 670 000m²，已形成一定的产业链。奶牛养殖场全年存栏量为 2880 头，其中泌乳牛存栏量为 1500 头，青年牛和育成牛存栏量为 1380 头。

图 2-15　天津神驰农牧发展有限公司场区规划图

集约化奶牛养殖场挤奶厅酸碱洗液分类收集和循环利用技术示范设备厂房与运行如图 2-16 所示。该公司新建外部工作用房 120m²，并提供本技术必需的电力和人力。天津神驰农牧发展有限公司日产挤奶厅酸碱洗液 5～10t，可直接回收利用的酸碱洗液为 3～5t，分离效率达到 90% 以上，增加酸碱洗液回冲次数 1～2 次，节水率达到 20% 以上，污水回用率提高了 30%。

　　（a）设备厂房　　　　　　　　　　　　　（b）设备运行

图 2-16　集约化奶牛养殖场挤奶厅酸碱洗液分类收集和循环利用技术示范设备厂房与运行

2）应用效果

（1）生态效益。集约化奶牛养殖场挤奶厅酸碱洗液分类收集和循环利用技术可以从源头减少集约化奶牛养殖场产生的污水总量，降低因使用酸碱洗液而产生的高盐废水对后续粪污处理设施和农田利用的影响，同时提高挤奶厅废水的回用效率（王湛等，2021），提高蓝水资源的利用效率，为集约化奶牛养殖场降低能耗提供技术支撑。

（2）经济效益。集约化奶牛养殖场挤奶厅酸碱洗液分类收集和循环利用技术，一方面提高了集约化奶牛养殖场挤奶厅蓝水资源的利用效率，实现节约用水；另一方面增加了酸碱洗液的使用次数，实现节本增效。同时，本技术在节约使用水资源的同时还可以减少后续粪污污染防治工程的投资费用，从源头上控制集约化奶牛养殖场粪污污染防治设施的投入，为养殖场带来经济效益。

（3）社会效益。集约化奶牛养殖场挤奶厅酸碱洗液分类收集和循环利用技术是集约化奶牛养殖场粪污污染防治从"以粪治粪"到"源头控制"的代表性技术，标志着集约化奶牛养殖场粪污污染防治由突出末端治理的旧模式向突出节能节水的新模式发展，深度贯彻源头减量、过程控制、末端治理、农牧结合的治理理念，促进了奶牛养殖产业的现代化进程（陈春琳等，2021）。

5. 应用范围

本技术适用于采用自动挤奶方式（鱼骨式挤奶机、并列式挤奶机、转盘式挤奶机、挤奶机器人等）的大中小集约化奶牛养殖场。

# 2.2　生猪养殖场粪污收储运技术和设备

## 2.2.1　移动地板式粪尿分离收运技术

1. 技术背景

我国生猪养殖正在向规模化、集约化发展，而养殖场粪污的集中大量排放给生态环境带来极大压力，这已成为养殖业可持续发展的制约因素之一。源头减量和过程控制是生猪养殖场粪污污染综合防治的关键环节。猪舍是粪污产生的源头场所，舍内的粪便、尿液和冲洗水能否在原位被有效分离和快速分类收集，将对粪污的减量、减排和提质起到至关重要的作用。针对漏粪地板模式下粪污贮存时间长，舍内氨气、硫化氢浓度高等问题，结合瑞典移动地板概念（moving floor concept）中的实时收运原理及生猪行为学特点，开发适合我国生猪养殖场现状的基于移动地板的集约化生猪养殖粪污智能收运技术。通过开发特有的地板结构，实现了粪尿源头实时分离、分类收集和转运，精确清理，达到节约能耗、节省人工的目的。

2. 主要技术成果

1）主要内容

针对粪污产排特征，通过对相分离技术的系统研究，研发基于物联网的移动地板式粪尿分离收运技术和设备，解决了粪尿长期共存导致的干粪营养元素流失严重、污水处理负荷高、舍内粪污残留和输送扰动导致的养殖环境恶劣等问题，为现代化健康养殖创造了有利条件。

（1）开发特有的地板结构，在源头实现粪尿实时分离、分类收集和转运。

猪具有平衡而灵活的神经，易于建立有益的条件反射，通过短期训练可实现采食、睡眠、排泄地点 3 定位（程春霞，2009）。根据猪的这一行为学特性，在养猪围栏的饮水区域一侧，布置具有一定承载力的可移动地板结构，使猪排泄物落在移动地板表面，实现即时的重力固液分离，使尿液漏过输送带的空隙落入液相排放管道。由于移动地板的实时分离作用，收集到的液相多为低含固率的尿液。经匀浆池搅拌后，浓度稳定的污水经输送泵通过过滤器后，可以直接作为肥水用于农田灌溉，实现资源化利用；而干粪则随输送带的运动被输送到舍外微好氧暂存料斗中，经适当配料后输送到有机肥发酵系统，实现干粪的资源化利用。移动地板由不锈钢打孔穿心链板制作加工而成，表面喷涂防滑层，可实现粪尿在源头的实时分离、分类收集和输运（图 2-17）。

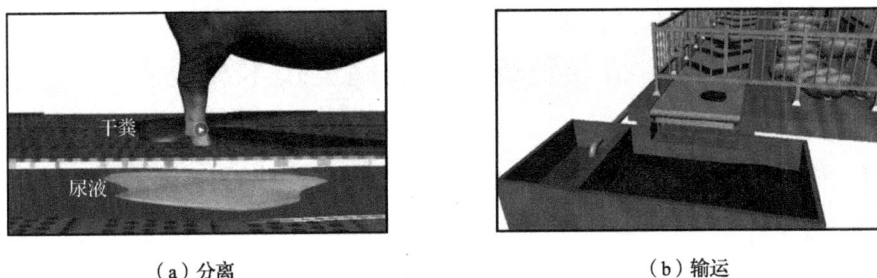

| （a）分离 | （b）输运 |

图 2-17　移动地板式粪尿分离收运示意图

（2）开发压力清洗、气刀除湿和移动灭菌等结构（图 2-18），保证移动地板的清洁干燥，有效改善猪舍内的环境条件。

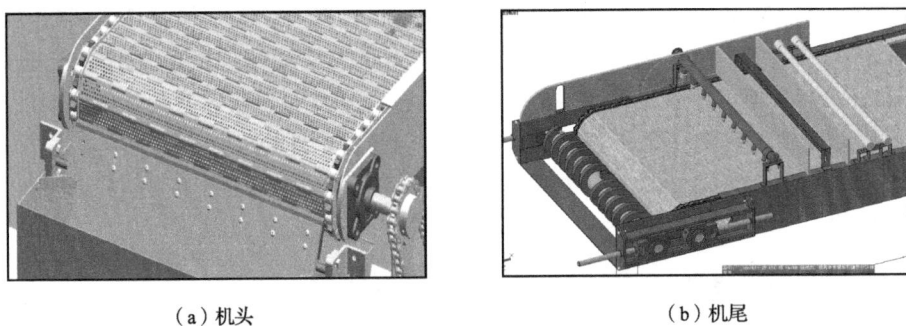

| （a）机头 | （b）机尾 |

图 2-18　基于移动地板的集约化生猪养殖粪污智能收运设备结构

采用高压冲洗水泵对不锈钢网带进行清洗。在不锈钢网带减速机工作时启动高压水泵，配合电动刷辊对多孔材质的移动地板进行清洁。利用气刀对移动地板进行除湿干燥，利用紫外线灯进行灭菌消毒。电动刷辊清洗器和气刀的供气电磁阀与高压冲洗水泵联动，紫外线灯、无轴螺旋输送机与移动地板不锈钢网带减速机联动，同时工作、同时停止。

（3）采用气体检测、超声传感等感知技术，分类识别，分步判断，建立移动地板体系的整体控制体系，实现精确清理，达到节约能耗、节省人工的目的。

采用 CITY（City Technology，英国城市技术公司）等公司的高质量传感器元件，实现氨气、硫化氢、甲烷、二氧化碳、温湿度、PM10、PM2.5 等多指标在线实时监测（图 2-19 和图 2-20）。采用封闭式吸入气室主要污染物检测结构，高速测量多组分气体，实现现场数据实时透传、物联网平台数据解析存储，为养殖场有效数据采集提供平台，为提高养殖场管理信息化水平和地方决策提供数据支撑。

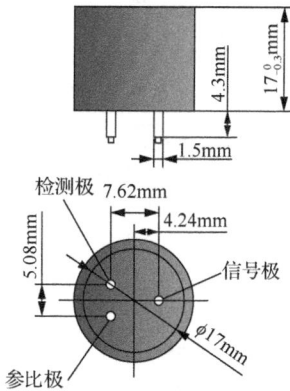

图 2-19　甲烷传感器

图 2-20　6 路超声避障传感器

通过布置在养殖场顶部的超声避障传感器检测移动地板区域是否有障碍物（猪）。当猪在移动地板区域活动时，超声避障传感器可检测到障碍物信号；当猪离开移动地板区域时，障碍物信号消失，此时移动地板的不锈钢网带减速机开始工作（软启动），不锈钢网带移动速度<1m/min，移动距离约 10m 后停止；在移动地板移动过程中，若再次检测到障碍物信号，则移动地板停止运动；当障碍物信号消失后，移动地板重复约 10m 距离的移动后停止，每日开启移动长度累计为45m。

2）主要技术参数与竞争优势

利用具有相分离功能和承载力的网带输送系统（承载力>4.9kN/m$^2$，透气度>3500CFM），实现粪污的舍内高效即时分离（干粪、尿液源头过滤式分离，有效分离率≥90%，分离时间<1min）、分类收集（干粪由网带以 1～2m/min 速度输运，尿液由底部 10%坡度导尿槽连续输送）和快速收运（粪污在舍区停留时间小于 30min），降低舍内环节气态污染物排放底物基数，改善舍内环境空气质量（氨气<6.1mg/m$^3$，硫化氢<0.35mg/m$^3$）。采用气刀［气幕厚度<50μm，耗气量< 0.02m$^3$/（min·cm）］、高压均流喷嘴［等效孔径为 1.2mm，耗水量<1.4L/min，压力为 8bar

（1bar=$10^5$Pa）]和电动刷辊清洗器（130r/min）定期对分离输送带进行再生作业，维持分离效率，同时节约冲洗工艺用水量（<0.2$m^3$/d），并分段独立收集粪污（基于试验统计分析的冲洗水泵与切换阀的联合控制，延时切换输出管道），在粪污产生原位实现粪便、尿液、污水的高质量分类和快速收集，为养殖场粪污的分类资源化利用创造有利条件。移动地板式粪尿分离收运设备核心技术参数表如表2-4所示。

### 表2-4 移动地板式粪尿分离收运设备核心技术参数表

| 系统名称 | 部件名称 | 核心技术参数 |
|---|---|---|
| 设备主体 | 主机架 | 材质：304不锈钢 |
| | 变频减速机 | 功率：4kW；摆线针轮 |
| | 链板转速 | 0～1m/min |
| | 传送链板 | 材质：304不锈钢，表面喷涂防滑层。链板预留$\phi$6mm小孔，两孔中心距离9mm。链板宽度：800～1200mm；长度：8～11m（可根据猪舍规格进行调整） |
| 在线检测系统 | 氨气传感器 | 量程：0～100mg/L；电化学传感器 |
| | 硫化氢传感器 | 量程：0～50mg/L；电化学传感器 |
| | 二氧化碳传感器 | 量程：0～2500mg/L；红外传感器 |
| | 甲烷传感器 | 量程：0～100VOL%；催化氧化 |
| | PM2.5/PM10传感器 | 量程：0～500$\mu$g/$m^3$ |
| | 温度传感器 | 量程：-20～80℃ |
| | 湿度传感器 | 量程：0～100% |
| 自动清洗消毒系统 | 立式多级离心泵 | CDFM-3-15（流量：11$m^3$/h；扬程：4.5m） |
| | 电动刷辊清洗器 | 0.75kW；130r/min |
| | 空压机 | 7.5kW 出风量：60$m^3$/h；风压：1.5MPa |
| | 气刀 | 0.05mm |
| | 紫外线灯 | 80～120W |
| 固体粪便传送系统 | 水平无轴螺旋输送 | 304不锈钢，U型；直径：250mm；输送长度：可调；变频电机 |
| | 无轴螺旋提升输送 | 304不锈钢，U型；直径：250mm；输送长度：可调；变频电机 |

以存栏量为5000头生猪的集约化养殖场为例，需要集约化生猪养殖场智能化粪污收运成套设备约10套，批量生产的设备每套单价约为32万元，共需投资约320万元。由于该设备为全不锈钢材质结构，能有效延长高腐蚀环境下的使用寿命，以使用年限10年、净残值10%计。成本效益分析如表2-5所示。

表 2-5　成本效益分析

| 设备名称 | 工作原理 | 清粪效率/ % | 设备成本/ 万元 | 维修成本/ (万元/年) | 人力成本/ (万元/年) | 使用年 限/年 | 年折旧 额/万元 |
|---|---|---|---|---|---|---|---|
| 移动地板式粪尿 分离收集设备 | 实时分离 输送 | >95 | 320 | 2~10 | 2 | 10 | 28.8 |
| 移动地板概念 | 实时输送 | >95 | 780 | 5~15 | 5 | 8 | 92.6 |
| 传统机械干清粪 | 输送 | <85 | 120 | 3~10 | 3 | 5 | 10.8 |
| 人工清粪 | 人力 | — | 10 | 0.1 | 36 | — | — |

3）技术进步分析

（1）移动地板式粪尿分离收运技术具有原位固液分离、即时清运、分类收集、智能环控等特点。与瑞典的移动地板概念相比，无须投加垫料，能最大限度地降低粪污量，适合我国养殖场布局，能降低制造成本 50%、降低运行成本 15%。

（2）与水冲粪、水泡粪养殖工艺相比，本技术省水、省人工，粪污总量减量明显。污水中的有机污染物含量低，后续污水处理设施投资费用低（赵许可，2014）；可降低舍内有害气体浓度，有利于提高生猪抗应激能力。

（3）与干清粪工艺相比，本技术进一步降低了舍内氨气、硫化氢等气体浓度，能够有效保存粪污营养成分，提高粪污资源化利用效率，减少清洗用水量，同时提高污水水质，为我国集约化生猪养殖粪污高效收集、废弃物减排提供手段，促进智能化养殖工厂发展。

移动地板式粪尿分离收运技术与同类技术的对比分析如表 2-6 所示。

表 2-6　移动地板式粪尿分离收运技术与同类技术的对比分析

| 项目 | 水冲粪工艺 | 水泡粪工艺 | 干清粪 | | |
|---|---|---|---|---|---|
| | | | 人工清粪 | 机械清粪 | 移动地板 |
| 平均每头耗水量[头/(L/d)] | 35~40 | 20~25 | 10~15 | 10~15 | 8~12 |
| 粪污总量/kg | 干清粪工艺的 2.5 倍 | 干清粪工艺的 2 倍 | | | |
| 冬季舍内氨气/(mg/L) | 5.6 | 6.81 | 4.38 | 4.2 | 2.8 |
| 污水 $BOD_5$/(mg/L) | 5 000~6 000 | 8 000~10 000 | 500~600 | — | — |
| 污水 $COD_{Cr}$/(mg/L) | 11 000~13 000 | 8 000~24 000 | 2 000~3 000 | 10 000~17 000 | 1 800~2 300 |
| 污水 TN/(mg/L) | | 5 000~8 000 | | 1 500~2 500 | |
| 污水 TP/(mg/L) | | 300~500 | | 150~200 | |
| 污水 SS/(mg/L) | 17 000~20 000 | 28 000~35 000 | 300~500 | | |
| 投资费用 | 低 | 低 | 低 | 较高 | 高 |
| 污水处理设施投资费用 | 高 | 高 | 较低 | 较低 | 低 |
| 运行费用 | 低 | 低 | 低 | 较高 | 高 |
| 人工费用 | 较低 | 较低 | 高 | 低 | 低 |

注：$BOD_5$ 为五日生化需氧量；$COD_{Cr}$ 为化学需氧量；TN 为总氮；TP 为总磷；SS 为固体悬浮物。

3. 创新点

(1) 研发了以原位分离收运技术为核心的移动地板式粪尿分离收运技术和设备,在粪污产生原位进行即时固液分离和无扰动快速收运,并通过压力冲洗技术和切换阀的联合控制保证分离输送带的过滤效率、尿液与工艺水的独立收集。

(2) 应用试验显示,粪尿在 1min 内被过滤式分离,粪污在 30min 内被转运到舍外,粪尿有效分离率≥90%,系统能耗≤2.5kW·h/d,系统工艺水消耗≤0.14m³/d,设备长期稳定运行。与传统机械清粪工艺相比,该技术使舍内氨气含量下降57%、硫化氢含量下降31%、清洗用水减量23%、尿液含固率下降25%。与国际先进的移动地板概念相比,本技术垫料减少 100%,粪污量减少 40%,设备制造成本和运行成本分别降低 60%和15%。

4. 技术成果应用范例与应用效果

1) 应用范例

(1) 天津市现代农业科技创新基地猪舍应用案例。

天津市现代农业科技创新基地位于天津市武清区下伍旗镇,占地面积为333 500m²,整合了京津两地优势科技资源,引进了国际先进的畜牧业养殖技术、设备和特色畜禽品种。该基地建设有管理中心、特色家禽繁育试验牧场、天津市种猪性能测定与遗传评估中心、奶牛模式示范牧场高标准牛奶生产及智能化管理系统、现代畜牧业科技创新基地生物安全隔离系统,以及配套牧草种植体系,可为畜牧产业提供一个集支撑科研、成果中试、技术成熟化,示范推广、农民技能培训、科普及高新技术成果展示等多种功能于一体的现代畜牧业科技创新平台。该基地的具体建设标准如下。

猪舍尺寸:11m×7.86m;有效围栏数:8 个;单个有效围栏尺寸:3.1m×2.5m。

设备类型:基于移动地板的集约化生猪养殖粪污智能收运设备。

设备安装区域:舍内右侧 4 个围栏处。

设备尺寸:11m×1.1m×0.7m;设备数量:1 套。

猪舍外观及内部设备布局如图 2-21 所示。

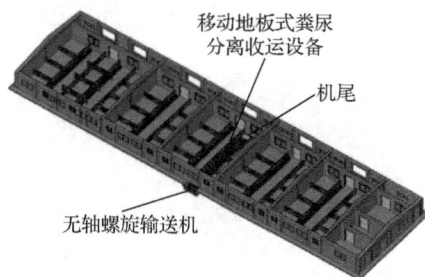

（a）外观　　　　　　　　　　　　　（b）内部设备布局

图 2-21　猪舍外观及内部设备布局

设备加工及现场安装如图 2-22 和图 2-23 所示。

图 2-22　设备加工　　　　　　　　　　图 2-23　现场安装

（2）天津市益利来养殖有限公司仔猪舍应用案例。

天津市益利来养殖有限公司位于天津市西青区杨柳青镇西河闸北，是一家集优质种猪扩繁、特色生猪养殖、名优淡水鱼虾养殖及农作物种植为一体的多元化农业生产经营企业。2012 年 12 月，该公司被天津市政府确认为农业产业化经营市级重点龙头企业。该公司现为天津市现代生猪示范园区、天津市优势水产品示范园区、天津市循环经济示范点、农业农村部畜禽养殖标准化示范场，并获得"优质农产品金农奖"等荣誉称号。该公司具体建设标准如下。

猪舍尺寸：36m×14m；有效围栏数：16 个；单个有效围栏尺寸：3.5m×3.1m。

设备类型：基于移动地板的集约化生猪养殖（适用于仔猪）粪污智能收运设备。

设备安装区域：1/3 舍两侧排粪漏缝地板区域。

设备尺寸：10m×1.0m×0.7m；设备数量：2 套。

仔猪舍现场改造及设备加工如图 2-24 和图 2-25 所示。

图 2-24　仔猪舍现场改造　　　　　　　图 2-25　设备加工

2）应用效果

（1）控制污染源可有效改善猪舍环境，减少动物疫情的发生和传播，为健康养殖、提质增产创造条件。

（2）从粪污源头上进行实时固液分离并快速输运，最大限度地保留粪污中的营养成分，提高固体粪污的肥效，减少污水量和降低污染物浓度，提高资源化利用效率。

（3）该智能收运系统配套感知、决策和通信技术，为猪舍有效数据采集提供平台，为生猪养殖场提高管理信息化水平和地方决策提供数据支撑。

（4）有效解放人力，避免交叉感染，提高防疫水平。

5. 应用范围

本技术适用于集约化生猪养殖场仔猪舍建设，可根据猪舍布局设计设备长度，设备宽度可设置为 800～1000mm，可实现猪舍粪道自动干清粪。

## 2.2.2　漏缝地板式粪尿分离收运技术

1. 技术背景

舍内环节的猪粪、猪尿和冲洗水能否在原位得到有效分离和快速分类收集，将对粪污的减量、减排和提质起到至关重要的作用。在非洲猪瘟影响下，集约化生猪养殖场亟须进行智能化方向的产业升级，减少人员相互接触、人与猪的相互接触。在前期研究的基础上，作者结合现有养殖场的布局特点和养殖习惯，在传统的漏缝地板粪污收运结构上进行改进，开发了漏缝地板式粪尿分离收运技术，解决了粪尿长期共存导致的干粪养分流失严重、污水处理负荷高、舍内粪污残留和输送扰动导致的养殖环境恶劣等问题，为现代化健康养殖创造了有利条件。

2. 主要技术成果

1）主要内容

漏缝地板式粪尿分离收运技术利用过滤带式输送结构，在畜禽排泄的第一时间对粪污进行过滤式重力分离，有效避免了固液长期共存导致的相分离难度增大情况的产生，最大限度地保持了粪、尿的原有特征。同时，输送过程快速、无扰动，降低了粪污在舍内的停留时间和输送频次对气体污染物排放的影响，并独立收集清洗工艺水，实现粪、尿、水的原位高效分类和快速收集。

（1）开发特有的编织带式输送结构，实现粪、尿的源头过滤式分离和分类收集。

养殖场的畜种在排泄行为诱导和训练下，在指定的漏粪地板区域排泄，产生的粪、尿经过漏粪地板掉落到具有相分离功能的带式输送系统上。输送带具有编织结构的多孔过滤层，可使尿液等液体物质经过过滤，落入分离输送机下部的接液槽体中，将干粪截留在输送带上部，从而实现粪污的原位过滤式重力分离。具有一定坡度的接液槽体可将尿液输送到液体收集管道。干粪物质借助一侧的旋转动力被输送到舍内一侧，先由刮板下后方进入螺旋输送机，再通过单螺杆泵被长距离输送到指定的堆粪设施，进行堆肥资源化利用。

（2）尿、水的智能化分类和切换收集。

在滤带旋转过程中，利用冲洗水系统定期对滤带表面进行压力冲洗，保证孔隙的畅通及分离效率，同时，利用冲洗水对接液槽体的残留物质进行进一步清洗后，将冲洗水输入液体收集管道。由于冲洗水为间歇的定时工作，通过测试冲洗过程的管道收集水质变化情况和水量分布特点，利用切换阀配合控制系统对尿液收集和冲洗水收集进行切换收集，实现冲洗水与尿液的分类收集。含污染物较少的冲洗水经沉淀过滤等处理后可回用，而单独收集的高氨氮含量的尿液可用于制取液肥并进行资源化利用。

漏缝地板式粪尿分离收运技术设备结构如图 2-26 所示，漏缝地板式粪尿固液分离收运示意图如图 2-27 所示。

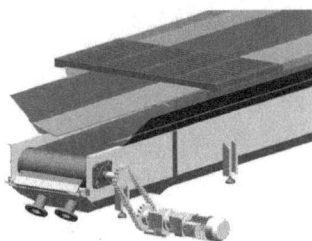

（a）机头

（b）机尾

图 2-26　漏缝地板式粪尿分离收运技术设备结构

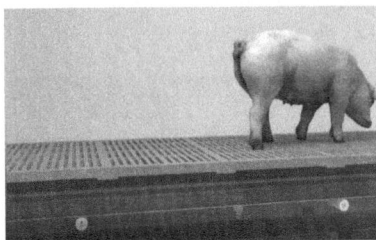

（a）分离

（b）运输

图 2-27　漏缝地板式粪尿分离收运示意图

（3）技术集成。

本技术为实现系统的有效运行、粪污的有效源头过滤和全封闭式输送，集成了多项配套技术，主要配套技术如表 2-7 所示，漏缝地板式粪尿分离收运技术工艺如图 2-28 所示。

表 2-7　主要配套技术

| 序号 | 配套技术名称 | 技术主要内容 |
| --- | --- | --- |
| 1 | 节水型清洗系统 | 先用高压均流喷嘴、电动刷辊清洗器在指定位置对分离输送带进行高压低流清洗，再用冲洗水对导尿槽进行二次冲洗，保证分离输送带的高效相分离效果 |
| 2 | 气力吹脱系统 | 采用超级气刀配合压缩空气源吹脱刮粪后残留的粪渣，进行无水二次清洁 |
| 3 | 自适应张紧系统 | 采用气力定压张紧系统，防止分离输送带因长期使用而拉伸形变，避免纠偏功能被削弱 |
| 4 | 液相切换收集系统 | 利用联动控制延时方法实现猪尿连续收集和冲洗水间歇收集的准确切换 |
| 5 | 黏稠介质长距离输送系统 | 利用压力式管道输送系统实现养殖场范围内舍间干粪封闭式输送，从而有效防止沿程污染排放 |
| 6 | 养殖环境在线监测系统 | 利用吸入式传感器检测、PLC 解析方法实现舍内环境的实时监测，配合控制决策 |
| 7 | 智能化控制系统 | 围绕输送系统控制策略，实现动力设备的数据反馈控制 |

养殖舍

**排泄诱导技术**
技术功能：有效诱导生猪到指定猪厕所排泄。关键技术：气味诱导、人工行为诱导、强制诱导。

**自清洁漏粪地板**
技术功能：分离猪与粪尿，减少粪污踩踏带出，干粪有效落下。关键技术：无粪道状态、自动漏粪、清洁、识别、动力结构。

**节水清洗技术**
技术功能：节水，有效清洗再生分离、防堵塞、输送槽有效清洗。关键技术：高压均匀流喷嘴、电动刷辊清洗器、水质过滤。

**分离输送机**
技术功能：降低导流板残留、有效控制输送带跑偏、垃圾变形自张紧、刮粪板有效剥离、分离输送带高寿命。关键技术：气力张紧、自压紧刮粪板、滤带筛选、优化设计。

**分类收集技术**
技术功能：猪尿连续收集，冲洗期间间歇收集，切换管道收集工艺。关键技术：管道切换联动延时控制。

**气力吹脱技术**
技术功能：压缩空气源吹脱剂粪板后残留粪渣，降低输粪带背面沾附水粪污含量。关键技术：粗细气刀引流、压力控制。

**封闭式螺旋输送**
技术功能：舍内环节封闭式短距离输送、防止蚊虫滋生、无害过程污染物释放。关键技术：抗冲击负荷、防堵塞、无轴螺叶片防断裂、软启动联合控制。

**高固态长距离输送**
技术功能：厂区范围含固厂闭式输送。关键技术：压力变送、管道布置。

**回转式快速好氧发酵**
技术功能：设备化快速好氧堆肥，高保温、分段曝气、中央收集。技术要求：堆肥阶段曝气控制、微正压结构。关键技术：冷凝水收集、分段曝气控制、尾气控制。

**设备化液肥制备**
技术功能：猪液原液针对性快速肥料化，设备化。关键技术：有效腐熟环境控制、有效传质、过滤。

**工艺水循环利用**
技术功能：低浓度冲洗用工艺水有效沉淀、过滤，达到利用目的，实现零排。关键技术：颗粒物控制、防堵塞。

过滤式原位分离

猪粪、猪尿　　液体　　猪粪　　猪尿　　冲洗工艺废水

有机肥　　液肥

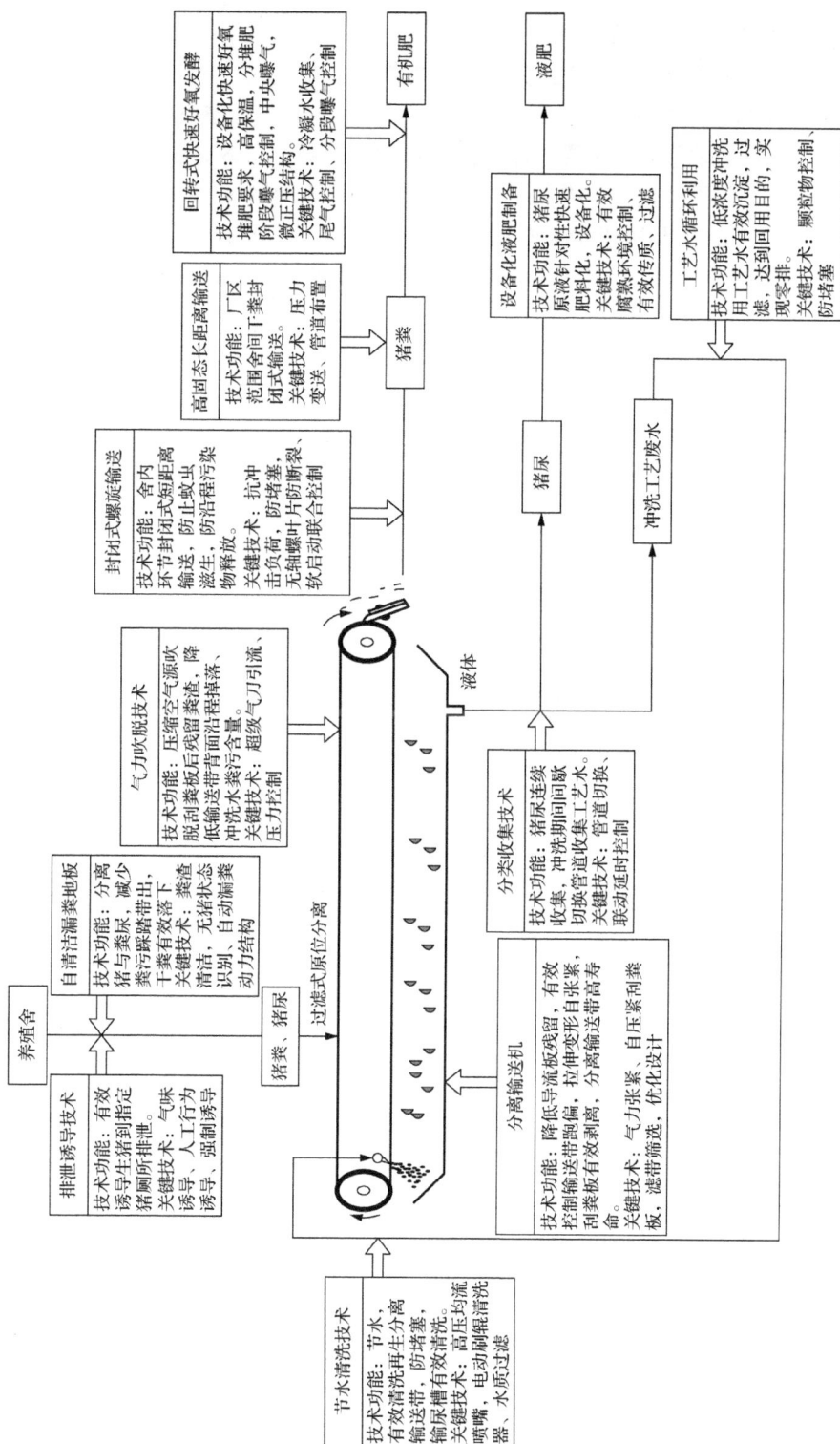

图 2-28　漏缝地板式粪尿分离收运技术工艺

2）主要技术参数与竞争优势

（1）干粪、尿液的源头过滤式分离和分类收集。

利用具有相分离功能的带式输送系统（拉伸强度>2600N/cm,透气度>1125CFM），实现粪污的舍内即时分离（干粪、尿液源头过滤式分离，有效分离率≥95%，分离时间<1min）、分类收集（干粪由过滤带以 2m/min 速度输运，尿液由底部 10%坡度导尿槽连续输送）和快速收运（粪污在舍区停留时间小于 30min），降低舍内环节气态污染物排放底物基数，改善舍内空气质量（氨气浓度<9.5mg/L，硫化氢浓度<0.5mg/L）。

（2）尿液、冲洗水的智能联控分类收集。

采用气刀 [气幕厚度<50μm，耗气量<0.02m³/（min·cm）]、高压均流喷嘴（等效孔径为 0.91mm，耗水量<1.1L/min，压力为 8bar）和电动刷辊清洗器（130r/min）定期对分离输送带进行再生作业，维持分离效率，同时节约冲洗工艺用水量（<0.14m³/d），并基于试验统计分析的收集管道水质变化与冲洗水泵开启时间，联合控制切换阀，将尿液和冲洗水切换到不同的管道进行收集，实现不同成分的尿液和冲洗水的分类收集及分类资源化利用。

漏缝地板式粪尿分离收运设备核心技术参数如表 2-8 所示。

表 2-8　漏缝地板式粪尿分离收运设备核心技术参数

| 系统名称 | 部件名称 | 核心技术参数 |
|---|---|---|
| 设备主体 | 主机架 | 材质：304 不锈钢 |
| | 变频减速机 | 功率：3~5.5kW，行星齿轮 |
| | 分离带转速 | 0~2.2m/min |
| | 分离输送带 | 材质：聚氨酯。<br>结构类型：平纹编织结构。<br>等效孔径：0.3mm²。<br>分离带宽度：600mm；长度：20~60m（可根据猪舍规格尺寸进行调整） |
| 节水型清洗系统 | 立式多级离心泵 | 流量：3.5m³/h；扬程：15m |
| | 电动刷辊清洗器 | 0.55kW；90r/min |
| | 空压机 | 5.5kW 压缩量：4.5m³/h；风压：0.8MPa |
| | 气刀 | 0.05mm |
| 黏稠介质长距离输送系统 | 单螺杆泵 | 流量：1.2m³/h；输出压力：0.6MPa；转速：75r/min；变频电机 |
| | 压力变送器 | 检测范围：0~1.0MPa；信号：4~20ma；响应时间：5ms（1ms=0.001s） |
| 自适应张紧系统 | 气缸 | 缸径：63mm；压力范围：0.1~0.7MPa |
| | 加压阀组 | 调节范围：0~1.0MPa；信号：4~20ma；响应时间：30ms |

以生猪存栏量为 2000 头的集约化养殖场为例，需要集约化猪舍智能化粪污收运成套设备约 4 套，批量生产的设备每套单价约为 28 万元，共须投资约 112 万元。

因为该设备为全不锈钢材质,能有效延长高腐蚀环境下的使用年限,所以以使用年限 10 年、净残值 10%计。漏缝地板式粪尿分离收运技术设备成本效益分析如表 2-9 所示。

表 2-9　漏缝地板式粪尿分离收运技术设备成本效益分析

| 设备名称 | 工作原理 | 效率/% | 设备成本/万元 | 维修成本/(万元/年) | 人力成本/(万元/年) | 使用年限/年 | 年折旧额/万元 |
|---|---|---|---|---|---|---|---|
| 粪污分离收集设备 | 实时分离输送 | >95 | 112 | 0.8~4 | 1 | 10 | 11.2 |
| 移动地板概念 | 实时输送 | >95 | 312 | 2~6 | 2 | 8 | 39 |
| 传统机械干清粪 | 输送 | <85 | 48 | 1.2~4 | 2 | 5 | 9.6 |
| 人工清粪 | 人力 | — | 6 | 0.1 | 15 | — | — |

3）技术进步分析

本技术属于加强动物防疫、减少环境污染的技术,适合在稳定生猪生产、促进转型升级的新建、改扩建及异地重建规模化生猪养殖场中推广应用。

本技术从粪污源头上进行实时固液分离和快速输运,最大限度地保存营养成分和物质,提高固体粪污的肥效,降低污水排放量和污染物浓度,提高资源化利用的粪污品质。

通过控制污染源的方式有效改善猪舍环境,减少动物疫情的发生和传播,为健康养殖创造条件,达到提质增产的目的。

配套的感知、决策和通信技术为采集猪舍有效数据提供平台,为提高生猪养殖场的管理信息化水平和地方决策提供数据支撑。本技术可有效解放人力,避免人畜交叉感染,提高防疫水平,同时缓解因人才缺乏而制约产业升级的局面。

与国际先进的移动地板概念相比,本技术垫料减少 100%,粪污量减少 40%,制造成本和运行成本分别降低 60%和 15%。

与主流机械干清粪工艺相比,本技术氨气减排 57%,硫化氢减排 31%,清洗水减量 23%,猪尿含固率下降 25%,猪粪含水率下降 29%(赵许可,2014;刘秀婷等,2013)。

3. 创新点

(1)研发了国内外首套基于漏粪地板的集约化生猪养殖场舍区粪污实时收运设备。本设备具有原位固液分离、即时清运、分类收集、智能环控等特点。

（2）通过污染物产生原位分离技术，实现粪、尿、水的高质分类收集，有效减少畜禽舍粪污量，同时减少肥料成分在液相中的损失；实现良好液肥原料的猪尿独立收集；降低冲洗水的粪尿含量，使冲洗水回用成为可能，有效降低后续处理处置和资源化利用的难度，提高肥料的品质。

**4. 技术成果应用范例与应用效果**

1）应用范例

（1）天津市益利来养殖有限公司 B1 育肥猪舍应用案例。

猪舍尺寸：36m×14m；有效围栏数：16 个；单个有效围栏尺寸：3.5m×3.1m。

技术类型：漏缝地板式（适用于育肥猪和种猪）粪尿分离收运技术。

设备安装区域：全舍两侧排粪漏缝地板区域。

设备尺寸：29m×1.2m×1.1m；设备数量：2 套。

猪舍外观、设备布置、设备加工及现场安装如图 2-29～图 2-32 所示。

图 2-29　猪舍外观

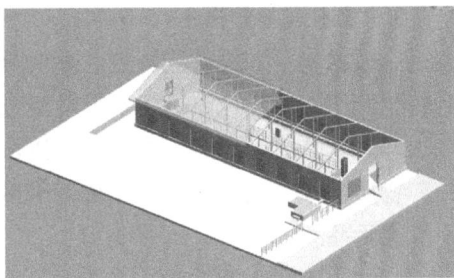

图 2-30　设备布置

图 2-31　设备加工

图 2-32　现场安装

应用案例整体技术构成如图 2-33 所示。

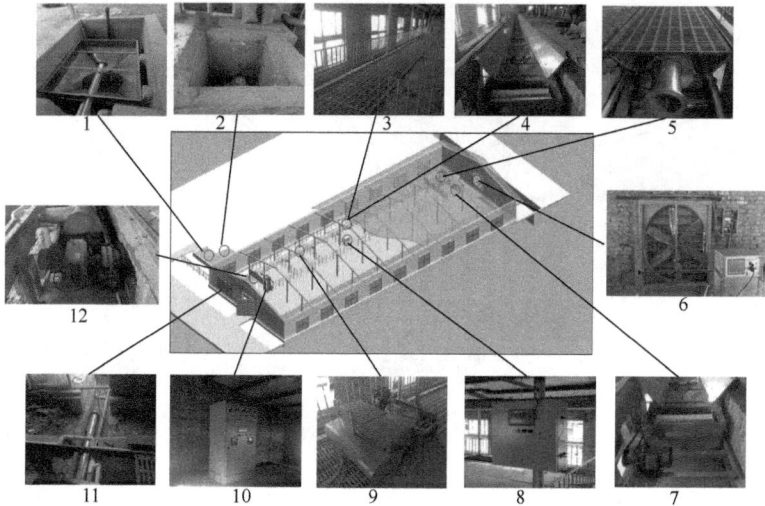

1. 干粪料斗及黏稠介质输送泵；2. 尿液收集池；3. 漏粪地板；4. 分离输送机；5. 机尾排风系统；
6. 通风机及排风量监测系统；7. 输送带刷辊及压力清洗器；8. 环境气体定位监测系统；9. 清扫巡视机器人；
10. 主控制系统；11. 干粪封闭螺旋输送机；12. 机头动力及干粪刮板。

图 2-33　应用案例整体技术构成

（2）河北省石家庄鑫农机械有限公司新建种养一体示范场应用案例。

猪舍尺寸：28.6m×11.2m；有效围栏数：16 个；单个围栏尺寸：3.5m×3.0m。

设备类型：漏缝地板式（适用于育肥猪和种猪）粪尿分离收运技术设备。

设备安装区域：全舍两侧排粪漏缝地板区域。

设备尺寸：24m×1.2m×1.1m；设备数量：2 套。

现代化种养一体示范场整体布局如图 2-34 所示。

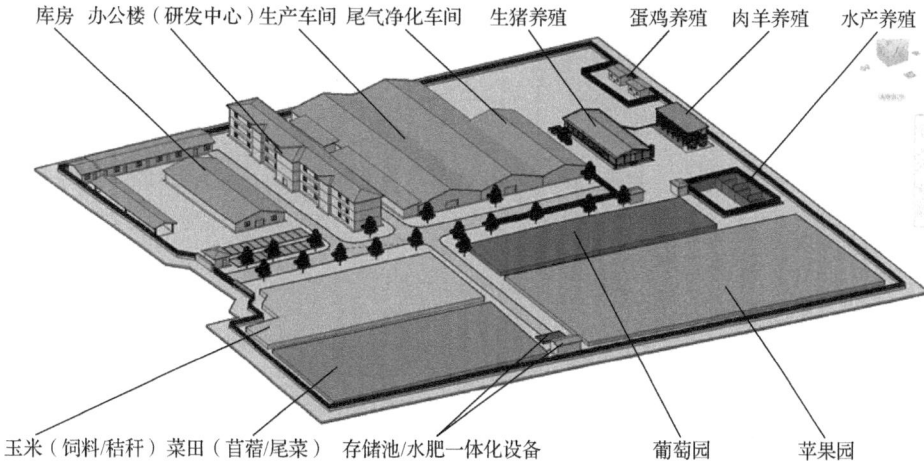

图 2-34　现代化种养一体示范场整体布局

现代化猪舍设备布局如图 2-35 所示。

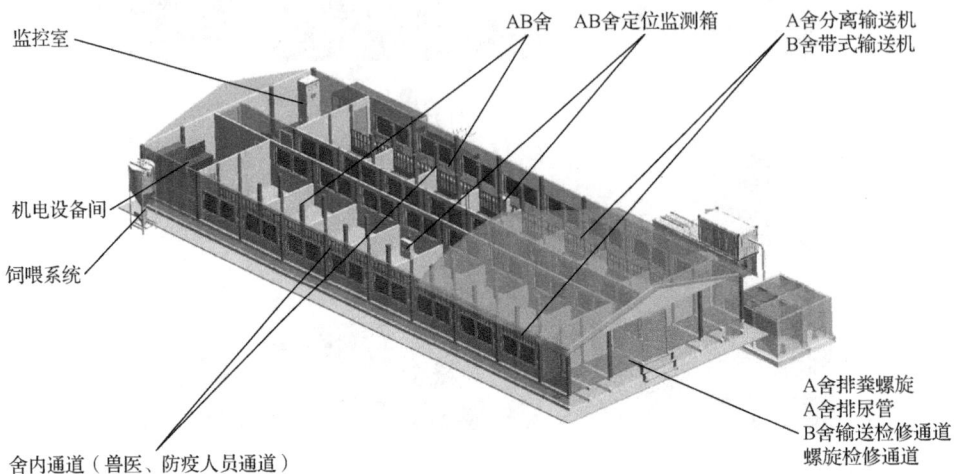

（a）南侧

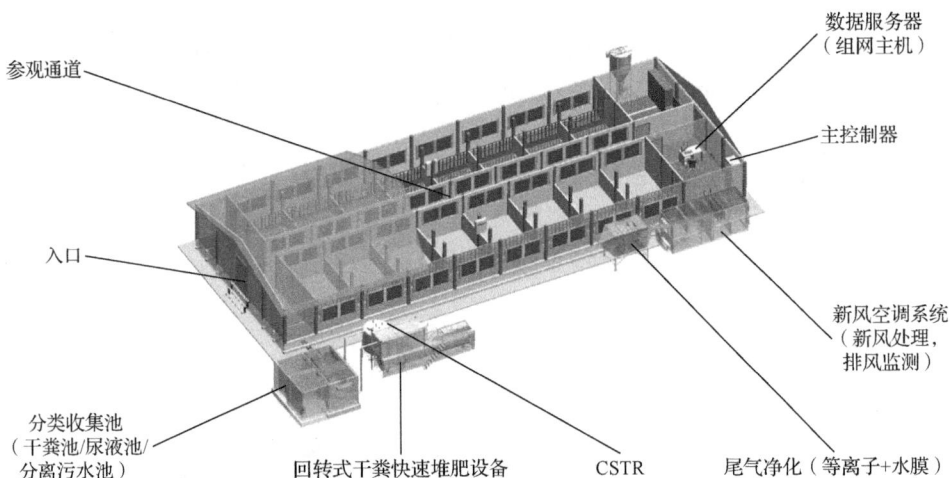

（b）北侧

图 2-35　现代化猪舍设备布局

现代化猪舍建设及粪污收运设备加工如图 2-36 及图 2-37 所示。

（a）猪舍内部　　　　　　　　　　　　　　（b）猪舍外部

图 2-36　现代化猪舍建设

图 2-37　粪污收运设备加工

该示范工程建设应用案例为围绕智能化粪污收运与养殖场整体环境控制开展的现代化动物工厂整体建设，该工程主体建设已完成，粪污收运设备加工已完成，于 2020 年 11 月中旬投产应用。

2）应用效果

天津市益利来养殖有限公司 B1 育肥猪舍应用示范工程自 2019 年 11 月投产以来，运行稳定，效果良好。通过初步的示范应用过程研究，发现漏缝地板式粪尿分离收运技术应用具有以下优势。

（1）有效防疫。

该示范养殖场拥有猪舍 36 栋，为万头级生猪养殖场，清粪工艺为人工干清粪。2018 年底非洲猪瘟持续在各栋猪舍暴发，因此其存栏量一度下降到 200 头，主要原因为人工干清粪过程中的人畜交叉感染难以得到有效控制。基于粪污实时分离收运技术的 B1 育肥猪舍改造完成并投入使用后，实现了无人的粪污快速收运，杜绝了人畜交叉感染，无疫情发生。

（2）有效改善舍内环境空气质量。

为期 100d 的舍内环境空气质量监测数据显示，舍内氨气的平均浓度为 6.1mg/m³，远低于养殖舍环境限值的 25mg/m³（农业部，2000），与集约化干清粪养殖舍的氨气均值浓度 9.4mg/m³ 相比，有所改善；硫化氢平均浓度为 0.35mg/m³，显著低于相关标准和文献数据（朱海生，2007；李季等，2017；朱丽媛等，2015）。舍内温度为（22.2±0.5）℃，湿度为（61.7±0.3）%RH（relative humidity，相对湿度），温湿度条件稳定，舍内环境干燥、清洁，能有效抑制病菌滋生，为生猪生存、生长和生产构建了良好的环境。舍内环境空气质量监测数据如图 2-38 所示。

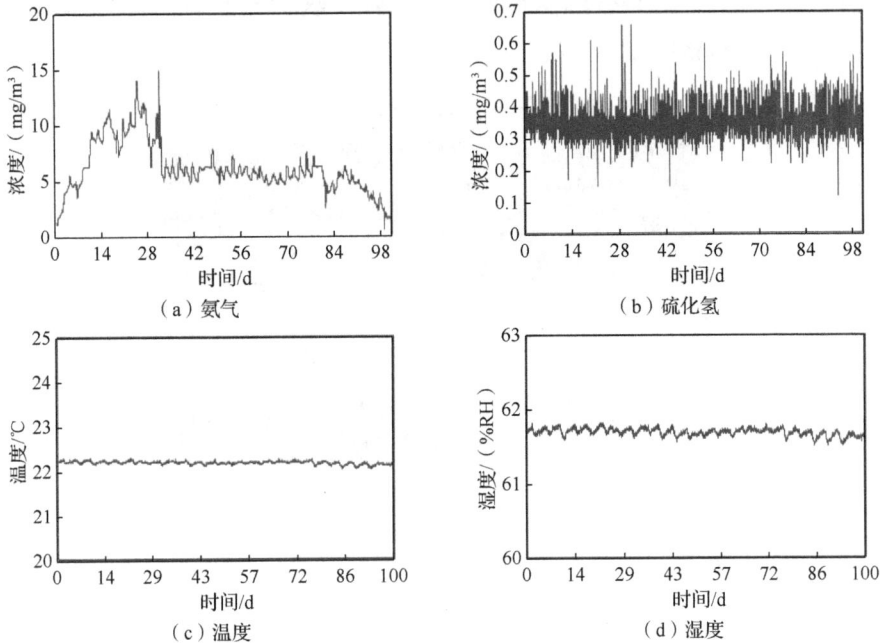

图 2-38　舍内环境空气质量监测数据

（3）有效分类提质。

从源头分离的猪粪（含固率：45.5%；总氮：11.27mg/kg；总磷：1.34%）具有远高于传统机械干清粪的固体含量（含固率<30.0%）。本技术能有效将猪粪减量，同时减少肥料成分在液相中的损失。单独分离的猪尿（氨氮：1000～2212.7mg/L；总氮：2598.42mg/L；总磷：654.2mg/L）有较高的氮、磷含量，且易腐熟、肥效快，是液肥的良好原料。通过排水切换独立间歇收集的冲洗水，粪尿含量更低，处理负荷和难度进一步降低，更有利于回用。

（4）节支增收。

该示范养殖场统计的新增电耗开支为 0.81 万元/万头，可节约冲洗水用量23%、人力成本 25%、防疫费用 7.5 万元/万头。使用本技术可肥料化增收 22 万元/万头，降低仔猪淘汰率 1%～3%，具有显著的经济效益及环境效益。

5. 应用范围

本技术适用于集约化生猪养殖场新建及改建育肥猪舍，可根据猪舍布局设计设备长度，设备宽度一般为 800～1000mm，设备可实现猪舍粪道自动干清粪。

### 2.2.3　生猪养殖场粪污智能化负压收集转运技术和设备

1. 技术背景

处理生猪养殖场粪污污染，实现粪污高效收集和转运是关键。无论是水冲粪还是干清粪，储存池内的粪污都存在高浓度、高黏度和抽吸阻力大的问题，这导致粪污抽吸效率较低（石惠娴等，2014）。目前国内使用普通吸污车吸粪污缺少智能化手段，没有结合现代物联网技术对各类信息进行采集和监控，不利于对粪污"跑冒滴漏"进行全过程管理。

2. 主要技术成果

1）主要内容

本技术和设备系统的组成如下：抽吸动力系统、排料系统、存储系统和智能控制系统。抽吸动力系统包括真空泵、微型泵、抽吸管路、电动法兰球阀等；排料系统包括螺旋出料绞龙、蝶阀等；存储系统为非标设计核心真空粪污罐；智能控制系统基于工业物联网技术，包括 PLC 控制、人机接口、4G+通信模块和料位记、压力（真空压力保护）及温度远传仪表等。因设备属于负压操作，对安全性要求高，故整套设备的安装和调试必须严格按照相关规定和技术手册进行，特别是要进行气密性检测、真空度检测、动力负荷测试等安全性检查，以保证设备的安全稳定运行。生猪养殖场粪污智能化负压收集转运设备实物如图 2-39 所示。

图 2-39　生猪养殖场粪污智能化负压收集转运设备实物

（1）核心设备 5m³ 吸粪罐体。

吸粪罐体属于真空容器，设计基础为《真空工程设计》等相关真空设计资料（刘玉魁，2016），但目前缺乏关于椭圆界面（椭圆界面呈拱形，抗外压失稳可靠性高）的确切参考设计计算资料。为此，作者提出采用几何平均尺寸替代圆尺寸的罐体设计计算思路（图 2-40），使计算过程更为方便、安全系数更高。

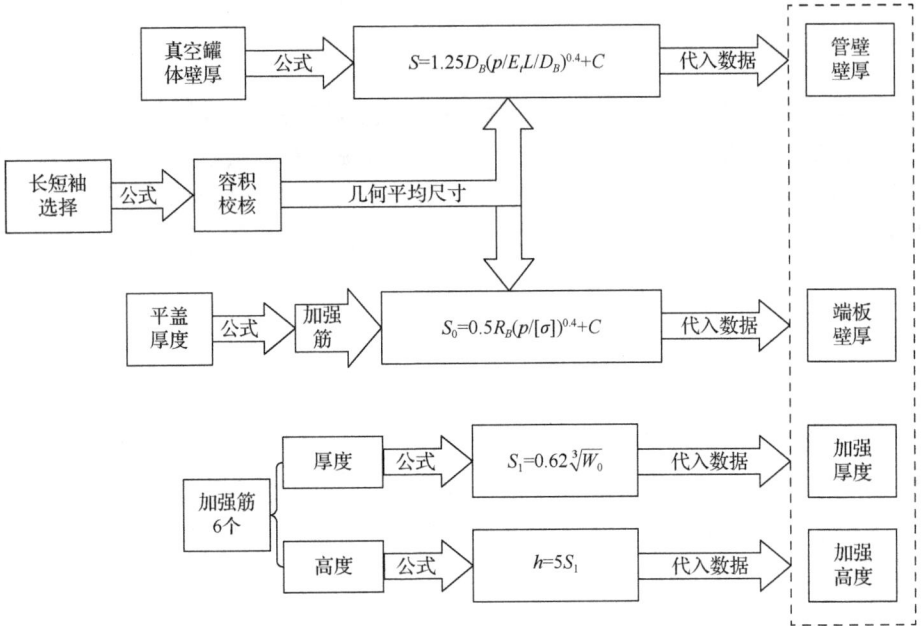

$S$ 表示管壁壁厚（mm）；$D_B$ 表示几何平均直径（mm）；$p$ 表示外压设计压力（MPa）；$E_t$ 表示材料弹性模量（MPa）；$L$ 表示计算长度（mm）；$C$ 表示附加裕量（mm）；$S_0$ 表示端板厚度（mm）；$R_B$ 表示几何平均半径（mm）；$[\sigma]$ 表示许用应力（MPa）；$S_1$ 表示加强厚度（mm）；$h$ 表示加强高度（mm）；$W_0$ 表示筋截面系数（mm³）。

图 2-40　罐体设计计算思路

（2）抽吸过程涉及的非牛顿流体流动阻力特性的基础性技术问题。

通过研究粪污含固率、吸管真空度、吸管管径及粪污自然放置时间等参数对管道抽吸流量和非牛顿流体流动阻力特性的影响，为生猪养殖场粪污抽吸技术研究提供重要的基础性技术数据。技术基础性实验系统如图 2-41 所示。研究表明（图 2-42），随着含固率由 2% 增加到 20%，流变指数由 0.9523 降至 0.3004，抽吸流量随之减少；抽吸流量与抽吸管径呈幂指增长关系，当粪污的非牛顿流体特性增强时，吸管管径成为影响管道黏性阻力的重要因素；抽吸流量的降低幅度随自然放置时间而不断增加，15d 后开始降幅明显，25d 后降幅达到 26.2%；吸管管道流动特征表现为高范宁摩擦因子（0.0066~3.02）和低雷诺数（10~2435）的层流特征（王星等，2021）。

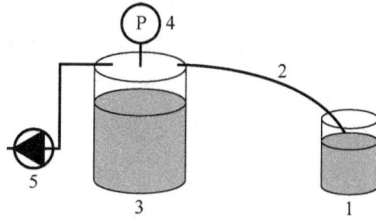

1. 储粪桶；2. 抽吸管道；3. 真空容器；4. 真空表；5. 真空泵。

图 2-41　技术基础性实验系统

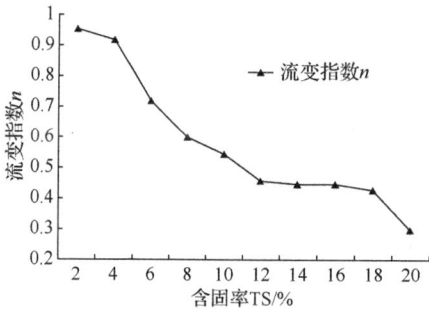

（a）流变指数-含固率

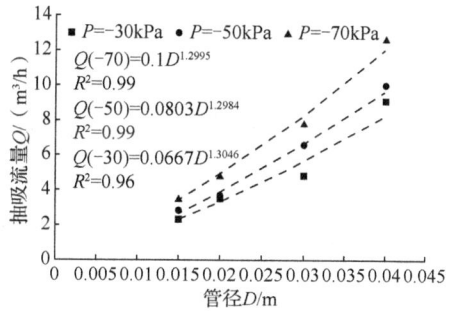

（b）抽吸流量-管径

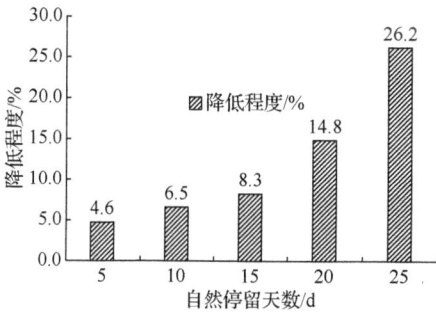

（c）降低程度-天数

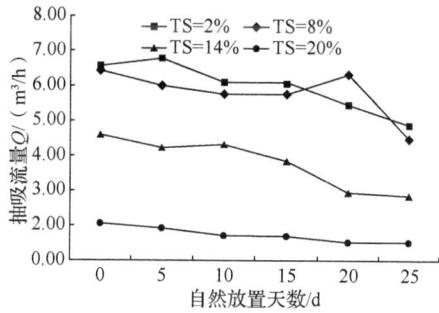

（d）抽吸流量-天数

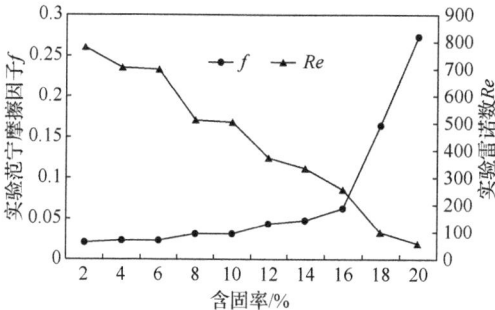

（e）摩擦因子-含固率

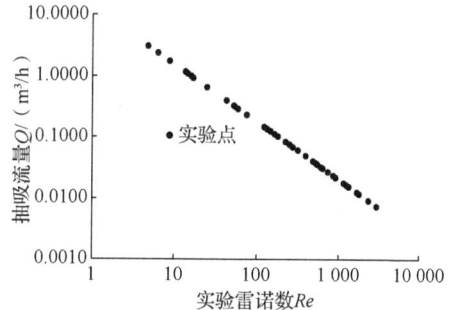

（f）摩擦因子-雷诺数

图 2-42　技术基础性实验研究结果

（3）基于工业物联网技术的智能化控制系统。

基于工业物联网技术和 4G+无线高速通信网络的智能化控制系统（图 2-43）包括：①专用二维码信息生成与无线扫描设备信息采集，将操作与运输人员信息、猪粪池号等编译为二维码信息，采用无线（蓝牙）扫描设备对二维码信息进行读取和识别，将识别后的信息输入系统平台；②动力设备控制参数交互与仪表参数采集，通过系统平台控制动力设备的启停，如吸污泵、排料装置、电力装置等，将仪表端获得的料位、压力和温度等信号参数输入系统平台；③集中操作控制系统平台，通过人机界面人机接口可触摸屏读取信号参数、识别扫描信息，控制硬件设备；④物联网扩展与 GPS（global positioning system，全球定位系统）模块，携带 4G⁺物联网专用通信卡，将车辆 GPS 定位信息、二维码识别信息、吸污设备状态信息等传送到用户端，可使用户在线查阅。该系统加强了对重要信息的采集与监控，如位置定位追踪、操作人员监督与设备状态等，便于上级部门对粪污"跑冒滴漏"的精准化管理。本系统应用了先进的工业物联网技术，采用 4G+高速无线网络连接手机等终端，进行实时监控，智能化和交互性更佳。

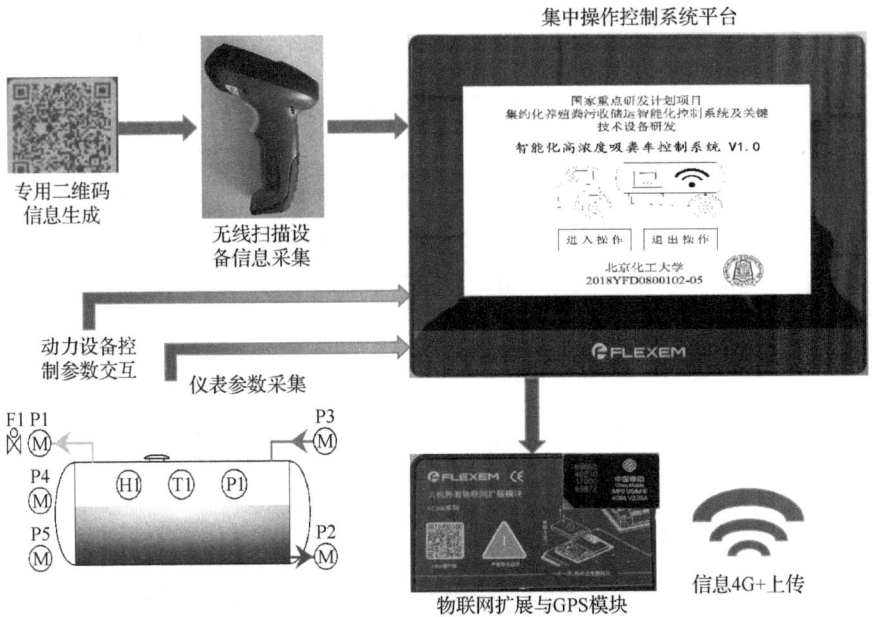

图 2-43　基于工业物联网技术和 4G+无线高速通信网络的智能化控制系统构成

2）主要技术参数与竞争优势

（1）罐体主体。

根据椭圆替代性算法设计的罐体结构抗失稳强度富余量大，并在其内部增加加强结构，使罐体在理论上允许更高的操作负压，为抽吸更高浓度的粪污打好了基础。设计计算主要包括壁厚计算、容积校核、端板计算和加强筋计算 4 个部分，吸粪罐体设计的基本参数和计算结果如表 2-10 所示。同时，针对高浓度粪污实际抽吸过程中存在的排料难问题，专门设计了卸料螺旋和排料密封结构，以实现罐底部高浓度积料的顺利排出。罐体内部设置如图 2-44 所示。

表 2-10　吸粪罐体设计的基本参数和计算结果

| 设计基础 | 参数 | 设计计算 | 结果 |
|---|---|---|---|
| 公称容积/m³ | 5 | 椭圆界面尺寸/［长轴（m）×短轴（m）］ | 1.6×1.1 |
| 设计外压/MPa | 0.08 | 罐长/m | 3.1 |
| 设计温度/℃ | 40 | 取值壁厚/mm | 5 |
| 材料 | Q235b | 内部加强筋 | 3 |

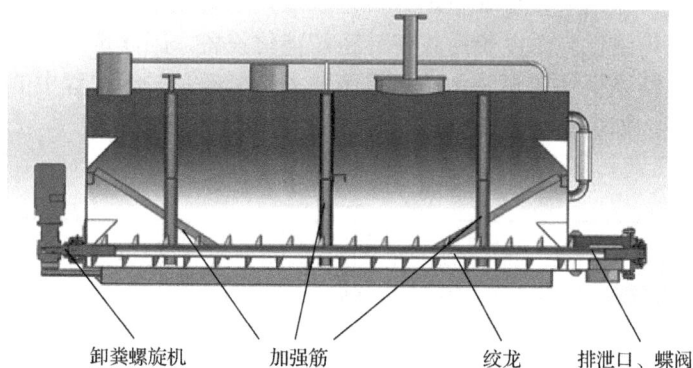

卸粪螺旋机　　加强筋　　绞龙　　排泄口、蝶阀

图 2-44　罐体内部设置

（2）控制系统智能化特征。

利用控制系统对运行参数进行实时监测，并记录收储运路径。在触摸屏控制界面上（图 2-45）分别显示系统登录、扫码界面、参数报警设定、抽吸粪污运行状态监控、排料运行状态监控等。其中，手动输入 12 位数字可定义操作员信息、驾驶员信息、猪舍号等；扫码枪正常使用时指示灯呈绿色；进行抽吸作业前应设定使用各仪表和设备的上下限值，保证系统在安全状态下稳定运行；可实现自动监控指令，包括过压保护、液位过高报警、温度过低报警等。

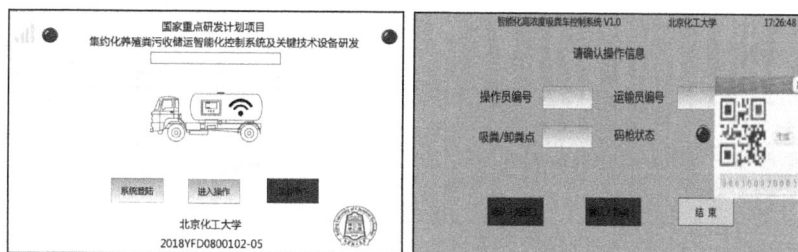

图 2-45　控制系统智能化特征

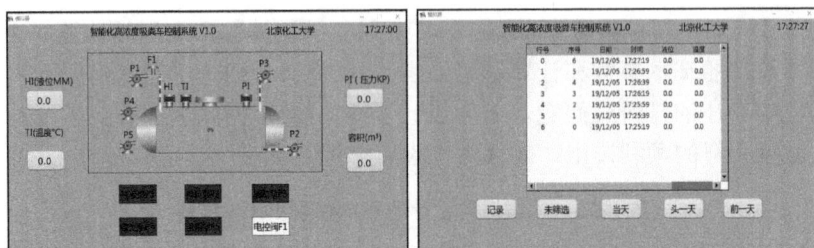

图 2-45（续）

3）技术进步分析

作者对现有相关技术进行了汇总（表 2-11），发现目前的技术与设备各有特点。本技术主要对传统抽吸设备细节进行优化改造，以满足不同应用场合的需求。然而，生猪养殖场缺乏高浓度粪污收集转运智能化设备，因此本技术的问题针对性和功能集成性特点更加明显。本技术采用的粪污抽吸和转运过程中的参数与性能指标是在系统性理论分析和实验研究基础上获得的。

表 2-11 现有相关技术汇总

| 序号 | 专利名称 | 专利类型 | 专利号 | 公布日期 | 申请单位 | 特点 |
|---|---|---|---|---|---|---|
| 1 | 带洒水功能的吸粪车 | 实用新型 | CN 208965482 U | 2019/6/11 | 武汉市汉福专用车有限公司 | 集清洗、洒水、冲洗等动能于一体的专用车辆 |
| 2 | 防止冻结的吸粪车罐体 | 实用新型 | CN 207959483 U | 2018/10/12 | 无锡市豪利金属制品有限公司 | 防止吸粪车罐体冻结，能有效避免吸粪车在寒冷的气候环境下出现罐体内部粪污冻结现象 |
| 3 | 具有电机直驱的吸粪车 | 实用新型 | CN 209941870 U | 2020/1/14 | 北京京环装备设计研究院有限公司 | 抽吸作业时，转速调节围大、抽吸压力范围大，提高了吸粪车的通用性 |
| 4 | 一种环卫吸粪车的污物分离装置 | 发明专利 | CN 109499137 A | 2019/3/22 | 瑞德（新乡）路业有限公司 | 改善现有吸粪车污物分离装置使用、清洗时不方便拆分等问题 |
| 5 | 一种吸粪车用电控排放阀 | 实用新型 | CN 210830677 U | 2020/6/23 | 南京晨光森田环保科技有限公司 | 电控排放阀开关可布置在远离排放阀门处，可通过遥控进行远程控制，避免污水喷溅到操作人员 |
| 6 | 自动转动转臂的吸粪车 | 实用新型 | CN 209854903 U | 2019/12/27 | 山东中运专用汽车有限公司 | 实现控制转臂的自动转动，缩短了调整转臂的操作时间，提高了效率并进一步降低了事故率 |

| 序号 | 专利名称 | 专利类型 | 专利号 | 公布日期 | 申请单位 | 特点 |
|---|---|---|---|---|---|---|
| 7 | 具有物料搅碎功能的吸粪车 | 发明专利 | CN 108104253 A | 2018/6/1 | 无锡市豪利金属制品有限公司 | 将吸入罐体内部的粪便及其他杂物搅碎，使罐体的进出口不易发生阻塞 |
| 8 | 适用于超低温工作环境的吸粪车 | 发明专利 | CN 108086464 A | 2018/5/29 | 无锡市豪利金属制品有限公司 | 保持吸粪车内物料不冻结，以及解冻化粪池吸收粪污 |
| 9 | 一种农用吸粪车 | 实用新型 | CN 207672733 U | 2018/7/31 | 山东祥农专用车辆有限公司 | 针对凝固干涸的粪污而设计，保证粪污在从吸入到排出过程中保持浆体状态 |
| 10 | 一种侧立式沼渣沼液破碎抽排机 | 实用新型 | CN 201794801 U | 2011/4/13 | 昆明凤岚科技有限责任公司 | 可抽吸黏稠度较高的沼液，还可切割破碎沼气池中的秸秆杂物 |
| 11 | 一种畜粪处理机输送泵 | 发明专利 | CN 105065287 A | 2015/11/18 | 浙江明佳环保科技有限公司 | 可抽取粪污中的猪毛、鸡毛等，可切断粪便中的杂质并切碎完全，具有防缠绕、防堵塞的特点 |

**3. 创新点**

作者针对高浓度粪污抽吸及出料困难的问题，强化罐体设计强度，以实现低抽吸压力操作，开发专门的螺旋排料装置，并增加压力保护控制，避免真空度过大。同时，构建了基于先进工业物联网技术和 4G+无线高速通信网络的智能化控制系统，采集监控重要信息（如位置定位追踪、操作人员监督与设备运行预警等），强化了针对粪污"跑冒滴漏"的全过程管理。

**4. 应用范围**

本技术适用于养殖场分散或集中粪污池粪污的转运环节（需要抽吸和排出较高浓度的粪污），其推荐应用场景为粪污浓度不大于 18%或有智能化监控需求的粪污处理，同时可以应用于化粪池、污水厂浓缩池等类似场景中。

# 第3章 畜禽养殖粪污养分高效转化技术和设备

## 3.1 养殖污水养分植物高效转化相关技术

### 3.1.1 养殖污水养分水生植物高效转化技术

#### 1. 技术背景

因养殖业快速发展而造成的环境污染问题受到越来越多的关注，养殖粪污逐渐成为国内外诸多水体的主要污染源之一。畜禽养殖业的污染排放在农业污染排放中占有较大的比重，第一次全国污染源普查结果显示，养殖粪污的 COD（chemical oxygen demand，化学需氧量）占主要污染物排放总量的95.8%，总氮占主要污染物排放总量的37.9%，总磷占主要污染物排放总量的56.3%，这表明养殖业导致的污染问题十分突出，且已经成为我国农业主要污染源（李裕元等，2021）。针对养殖污水氮、磷输移的各环节，应用生物—生态技术理念研发了生态透水坝、植被过滤带、河岸缓冲区、生态沟渠、人工生态湿地等氮、磷迁移过程阻控与消纳并重的技术，取得较好的拦截效果（Li et al.，2020；王丽莎等，2021）。但是利用人工湿地直接处理高浓度氮、磷的养殖污水时，往往存在植物无法生长、处理效率低等问题（Li et al.，2020；Li et al.，2021）。如何利用生态方法通过前处理降低高浓度氮、磷养殖污水浓度，使其达到湿地植物耐受浓度，如何提高湿地氮、磷去除效率，是当前亟待解决的问题。

#### 2. 主要技术成果

1）主要内容

（1）前端处理。

通过向水泥池内添加一定量的稻草、玉米秆和麦秆，构成三级生物基质池（图3-1），处理通过沼液池的养殖污水。

图 3-1　三级生物基质池现场图

在前 6 个月添加秸秆材料作为基质填料，可显著提升对高浓度养殖污水的处理效果（图 3-2）。秸秆材料对总氮和总磷的平均去除率分别为 40% 和 35%。后 6 个月，相比前期总氮和总磷的去除效果均有降低（蒋磊等，2021a；陈坤等，2020；赵聪芳等，2020）。尤其是添加秸秆材料 8～12 个月后，生物基质池进出水浓度已无明显改善，去除效果直线下降。建议秸秆材料的更换周期为 4～5 个月（刘铭羽等，2019；蒋磊等，2021b）。

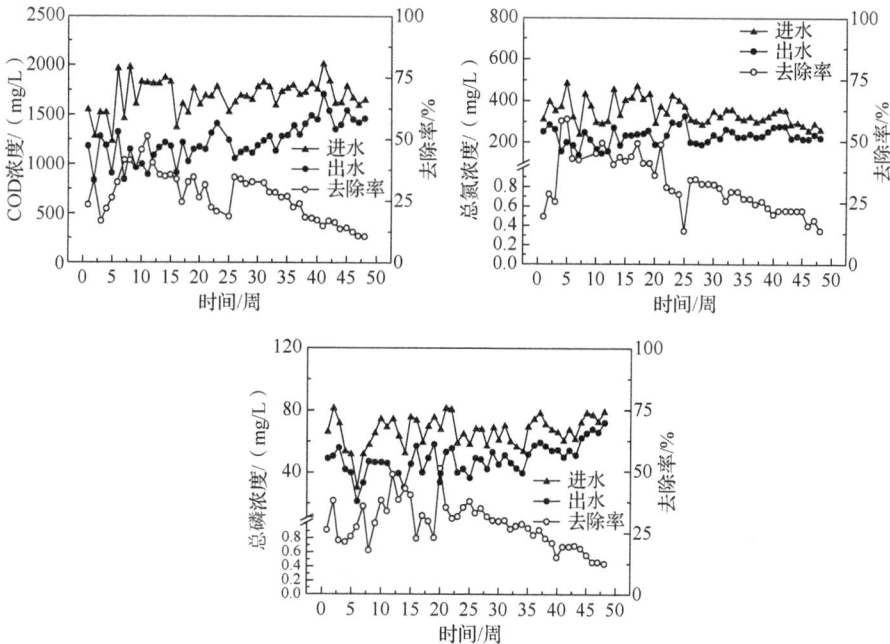

（a）添加稻草 COD、总氮、总磷进出水浓度及去除率动态变化

图 3-2　生物基质池处理效果

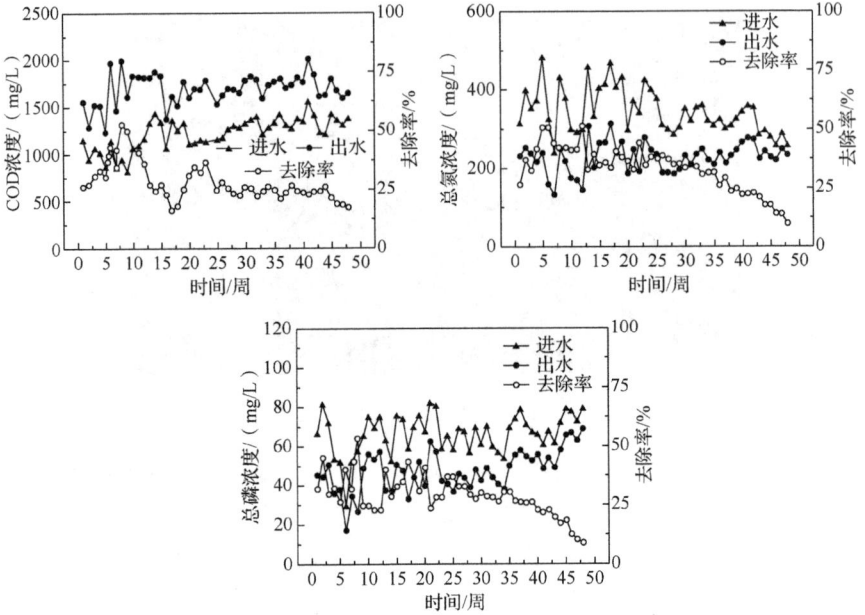

（b）添加麦秸COD、总氮、总磷进出水浓度及去除率动态变化

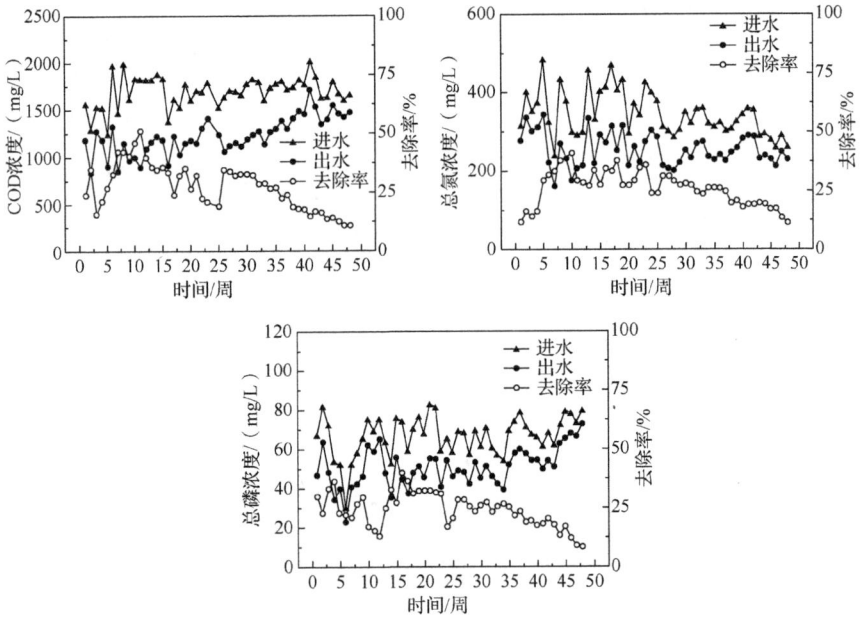

（c）添加玉米秆COD、总氮、总磷进出水浓度及去除率动态变化

图 3-2（续）

（2）后段处理。

将浮水植物绿狐尾藻分别和 3 种挺水植物（梭鱼草、黄菖蒲和美人蕉）组合，

构建三级表面流人工湿地（图 3-3），显著提高了人工湿地对氮、磷的去除效果（叶磊等，2020）。

试验期间，进水根据实际情况存在一定的波动，2019 年年中长沙曾暴发过非洲猪瘟，致使上游分散养殖的生猪均染病死亡，因此试验后期进水总氮和氨氮含量明显降低。其次，随着时间推移，试验小区植物慢慢趋于稳定生长，因而试验后期去除率大幅提升。2018 年 12 月～2019 年

图 3-3　不同植物组合的三级表面流人工湿地

7 月进水浓度相对稳定，总氮为（37.7±4）mg/L，氨氮为（29.3±4）mg/L；2019 年 8～11 月进水浓度波动较大，总氮为（12±6）mg/L，氨氮为（6±5）mg/L（其间剔除因高温虫害引起的极端异常数值）。植物组合去除效果见图 3-4。

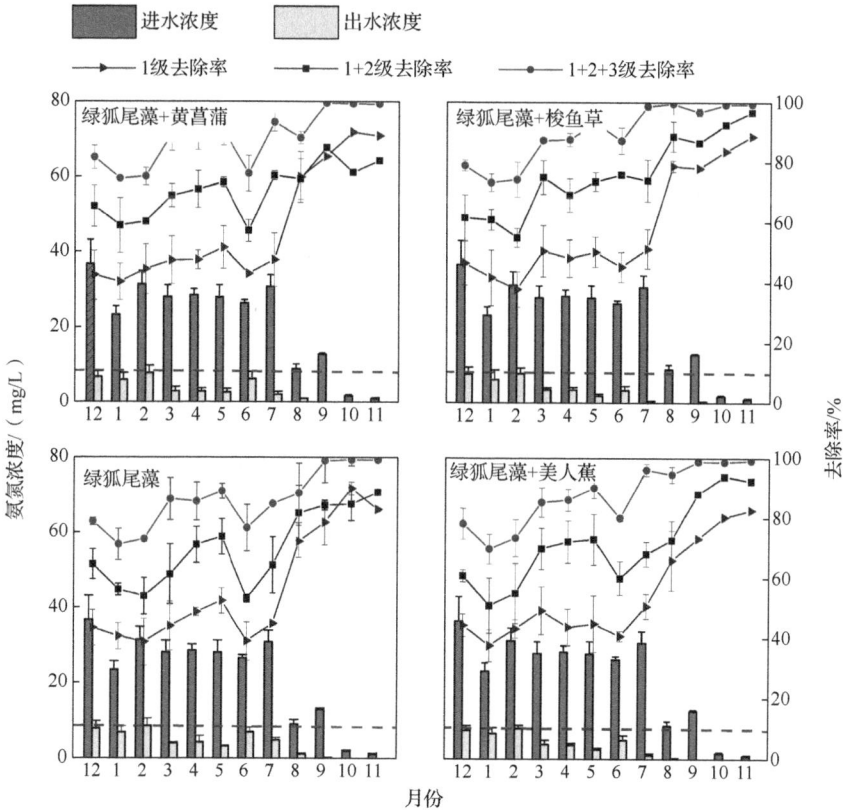

（a）氨氮进出水浓度及去除率动态变化

图 3-4　植物组合去除效果

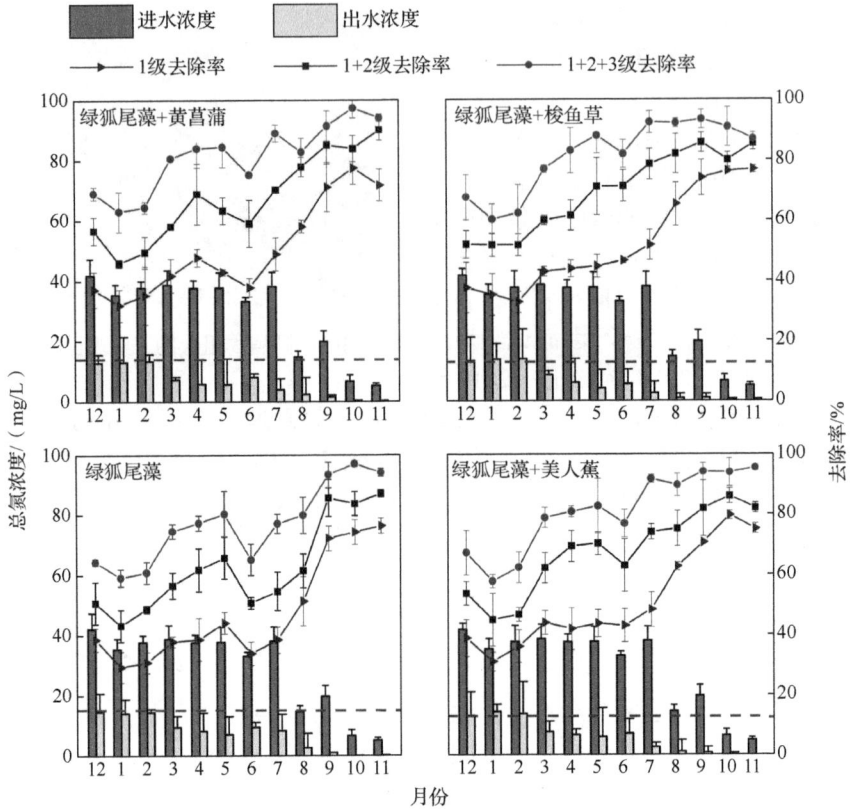

（a）总氮进出水浓度及去除率动态变化

图 3-4（续）

　　不同植物组合模式对污水的净化效果亦呈现季节变化特征，就全年数据来看，梭鱼草+绿狐尾藻组合对总氮和氨氮去除效率均最好，去除率分别为 81% 和 89%，出水浓度分别为 6.2mg/L 和 3.0mg/L。尤其夏季适合梭鱼草生长，夏季梭鱼草+绿狐尾藻处理脱氮能力最强，总氮和氨氮去除率分别为 89% 和 94%，出水浓度分别为 3.3mg/L 和 1.3mg/L。

　　（3）生物基质池+生态湿地维护。

　　为了保证生物基质池+生态湿地组合模式具有较好的养殖污染治理效果，须对生物基质池和生态湿地进行定期维护。主要维护内容如下。

　　① 生物基质池。在秸秆材料添加后的 4～5 个月再次添加新的秸秆材料，稳定生物基质池的处理效果。

　　② 湿地植物的刈割与利用。生态湿地管理的关键在于对其中生长的水生植物定期进行收割，将水生植物从泥沙和水体中吸收的氮、磷移出湿地，避免生物质在湿地中腐烂，产生二次污染。刈割的频率因水生植物的不同而有所差异。水生美人蕉每年收割 1～2 次，7 月收割 1 次，10 月收割 1 次；黄菖蒲每年收割 1～2

次，3 月收割 1 次，12 月收割 1 次；梭鱼草每年收割 3～4 次，5～11 月每 2～3 个月收割 1 次；生长相对较快的绿狐尾藻每年可收割 5～7 次，在 3～11 月每 30～40d 收割 1 次。收割的水生植物材料主要用于绿肥直接还田或被覆盖到茶园、果园等，以实现氮、磷养分的循环利用。有些水生植物材料（如绿狐尾藻、梭鱼草）可直接用作猪、牛、羊的青饲料。

③ 生态湿地的维护。对生态湿地要定期进行巡查和维护，主要目的在于防止水草与杂物堵塞进出水口和及时发现跌水坎漏水或边坡垮塌，以便及时修复，保证生态湿地的正常运行。

2）主要技术参数与竞争优势

（1）生物基质池技术参数。

① 设计参数。应根据试验资料确定生物基质池的主要设计参数；无试验资料时，可采用经验数据。

对于生物基质池面积，应保证其满足水力负荷的要求，停留时间宜设置为 5～10d，同时应保持表面有机负荷为 1.0～2.0kg/（m$^2$·d）。

② 几何尺寸。生物基质池在保证总容积大小的基础上可分为 3～6 级，单池面积为 100～200m$^2$；生物基质消纳处理单元长宽比应在 3：1 以下，应考虑均匀布水；生物基质消纳池有效水深宜设置为 0.5～2.0m。

③ 基质。生物基质种类包括玉米秸秆、稻草和麦秆，总投放量在 15～35kg/m$^3$。生物基质投入初期须采用重物镇压，使基质没于废水中。

选择生物基质应本着就近取材的原则，并且所选基质应满足基质比例要求。

基质材料的投放方式主要有直接投放、切断投放及打捆投放。

④ 集水、配水及出水。在生物基质池中宜采用配（集）水管、配（集）水堰等装置，实现集水、配水均匀。

在生物基质池出水处应设置排空设施。

在生物基质池各处理单元之间采用"上进下出""下进上出""左进右出""右进左出"等方式，防止短流现象发生。

⑤ 防渗层。应在生物基质消纳池底部和侧面进行防渗处理。防渗层的渗透系数应不大于 10～8m/s。

可采用黏土层、聚乙烯薄膜及其他建筑工程防水材料制作防渗层，可参照《生活垃圾卫生填埋技术规范》（CJJ 17—2004）执行。

⑥ 管材及阀门。管材选用聚氯乙烯（PVC）或聚乙烯（PE）管时，应按照《给水用聚乙烯（PE）管材》（GB/T 13663—2000）中的规定执行。选用阀门应满足耐腐蚀性强、密封性好、操作灵活等要求。

（2）多级生态湿地技术参数。

① 选址。应尽量将多级人工湿地修建在农田旁的生态沟或者沟渠的末端。

② 设计。

容积计算公式为

$$V=QT \tag{3-1}$$

式中，$V$ 为总有效容积（$m^3$）；$Q$ 为日污水产生量（$m^3/d$）；$T$ 为污水在池中的滞留时间（d）。

$$S=nK \tag{3-2}$$

式中，$S$ 为湿地表面积（$m^2$）；$n$ 为治理区农田面积（$m^2$）；$K$ 为处理系数（与栽植植物种类有关，如栽植绿狐尾藻取值为 $0.45m^2$）。

③ 种植植物。种植植物是指生长在湿地的植物，它们对径流或水体中的污染物有拦截、吸收和转化的作用。依据其生态型可以将其分为 3 类：陆生植物、湿生植物和水生植物。适合前三级湿地的植物为浮水植物+挺水植物，如绿狐尾藻+梭鱼草，绿狐尾藻+黄菖蒲等。

④ 植被覆盖度。植被覆盖度是指湿地中水生植物冠层对地表遮盖的面积与沟坡和沟底的面积之比，计算公式为

$$C = \frac{A_m}{A_t} \times 100 \tag{3-3}$$

式中，$C$ 为水生植物覆盖度（%）；$A_m$ 为生态湿地中水生植物冠层对地表遮盖的面积（$m^2$）；$A_t$ 为生态湿地总面积（$m^2$）。

⑤ 水力停留时间。水力停留时间是指污水在生态沟内的平均驻留时间，计算公式为

$$HRT = \frac{V}{Q} \tag{3-4}$$

式中，HRT 为水力停留时间（d）；$V$ 为湿地有效容积（$m^3$）；$Q$ 为湿地日进水流量（$m^3/d$）。

⑥ 其他技术要求。

a. 雨水与污水分离。将畜禽粪污引入沼气池或化粪池进行处理，通过引入生物基质池，把污水引入多级湿地。

b. 外形要求。多级生态湿地外形以多个长方形串联为主，若受地形限制，则可选择不规则的长方形或者多边形。

计算人工湿地池的结构应遵守《混凝土结构设计规范》（GBJ 10—1989）、《建筑结构设计统一标准》（GBJ 68—1984）中的有关规定，结构框架可采用钢筋混凝土整浇，也可采用砖混结构。其中，钢筋混凝土标号不低于 C18 级，砖混结构中采用实心水泥砖，各池连通采用 120PVC 管。

对于各池池底必须做防渗处理，对于池底土质好的，用原土整实后采用 150 号混凝土直接浇灌池底 6~8cm。如果池底土质松软或为沙土，则先铺一层碎石，轻整一遍后再用 1:4 的水泥砂浆将碎石缝隙灌满，厚度为 4~5cm，最后用水泥、砂、碎石按 1:3:3 的比例制作混凝土并浇筑池底，混凝土厚度为 6cm。

若生物基质池地势过于平坦，则可在收集污水和出水时提升水泵，设置水泵运行模式为间歇式运行。采用太阳能供电系统解决水泵长效运行问题。

（3）竞争优势。

生物基质池+植物组合湿地模式能够有效降低养殖污水中的氮、磷含量，可以使出水浓度远低于《城镇污水处理厂污染物排放标准》（GB 18918—2002）中的一级 A 类标准。

可将秸秆材料作为基质材料处理养殖污水，可以定时收割湿地植物作为饲料，实现植物高效资源化利用。

3）技术进步分析

① 该技术对总氮和氨氮的去除率平均达到90%以上，出水氨、氮含量仅为《畜禽养殖业污染物排放标准》（GB 18596—2001）中相关标准的1/5（氨氮 3.0～3.7mg/L）；

② 与单一绿狐尾藻人工湿地工艺处理技术相比，本技术的总氮处理效率提高了 20%，总氮转化率在 90%以上，去除率显著提高。

3. 创新点

① 首次用麦秆、玉米秆作为基质材料处理养殖污水，对氮、磷的处理效果分别提升 40%和 30%。

② 利用浮水植物绿狐尾藻+挺水植物组合模式构建多级生态湿地，显著提升了湿地对污染物的去除率，出水水质远低于《畜禽养殖业污染物排放标准》（GB 18596—2001）中的相关标准。

③ 实现了秸秆及水生植物处理污水后的资源化利用。

4. 技术成果应用范例与应用效果

1）应用范例

目前本技术已应用于河南信阳五星生态科技农业观音山种养基地。该基地占地 100 亩，常年存栏生猪 1 万头，每天的污水排放量为 100t 左右。生物基质池+多级生态湿地现场图如图 3-5 所示。

（a）生物基质池　　　　　　　　　　（b）多级生态湿地

图 3-5　生物基质池+多级生态湿地现场图

2）应用效果

经过本技术处理的养殖污水，出水污染物含量远低于国家畜禽养殖污水排放标准。

5. 应用范围

本技术适用于生猪存栏量为500～50 000头的养殖场。

### 3.1.2　绿狐尾藻采收与饲料化利用技术和设备

1. 水生植物规模化采收设备

1）功能用途

生态湿地是农村污染生态治理的重要技术，具有治理成本低、景观效果好的突出特点，但是长期以来湿地植物的收割主要依靠人力。随着我国城镇化的发展，农村地区青壮年劳动力不断减少，湿地植物收割的人力成本不断升高，因此湿地植物的收割问题已经成为生态湿地运行的主要限制因素。绿狐尾藻作为湿地植物，在富含氮、磷的水体中生长迅速，对环境中的氮、磷的吸收能力强，在适宜的高氮、磷湿地环境中可年产鲜草60t/亩。绿狐尾藻的蛋白质含量较高，且氨基酸含量比较完全，矿物质种类丰富且含量高，并含有丰富的维生素和必需脂肪酸，因此绿狐尾藻非常适合作为畜禽养殖业的非常规饲料原料。然而，市场上并没有一种成熟可行的适用于绿狐尾藻田间收割的机械设备，大多依靠人工收割，落后的生产工艺严重制约了绿狐尾藻采收的产业化过程。针对这一突出的现实问题，为满足市场需求，当前亟须研发出一套绿狐尾藻采收设备，以降低生产成本，推进绿狐尾藻种植产业化进程。

2）性能参数

（1）设备结构。

水生植物规模化采收设备主要包括中控台、收割装置、上料仓、储存仓、下料装置和行进装置。中控台包括行进速度操纵杆、行进方向操纵杆、收割装置高度调节杆、下料装置操纵杆。其中，行进速度操纵杆用于控制收割机行进速度；行进方向操纵杆用于控制收割机行进方向；利用收割装置高度调节杆，可以根据水深和绿狐尾藻高度调节收割高度；下料装置操纵杆用于控制下料，可以根据运输车高度调整下料装置的可折叠延伸部分的高度，以配合卸料。

水生植物规模化采收设备正面图如图3-6所示。

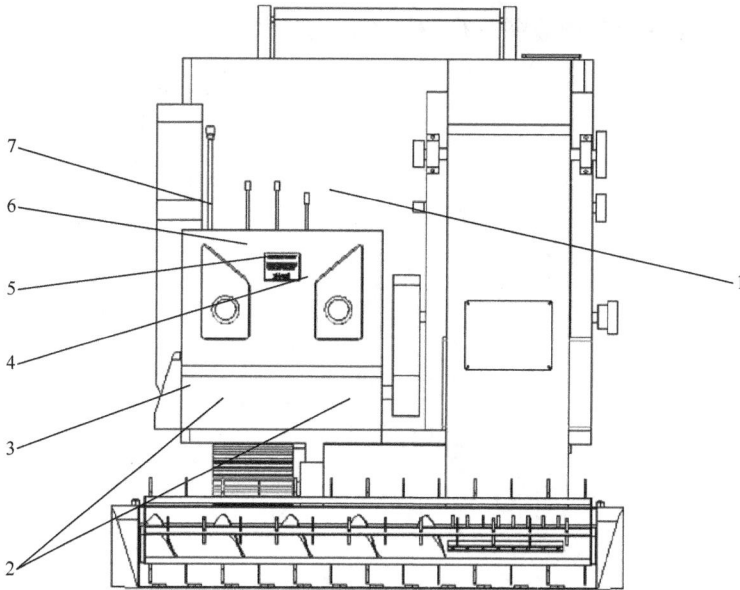

1. 主体机架；2. 照明灯；3. 中控台；4. 下料装置操纵杆；5. 收割装置高度调节杆；6. 行进方向操纵杆；
7. 行进速度操纵杆。

图 3-6　水生植物规模化采收设备正面图

水生植物规模化采收设备侧面图如图 3-7 所示。

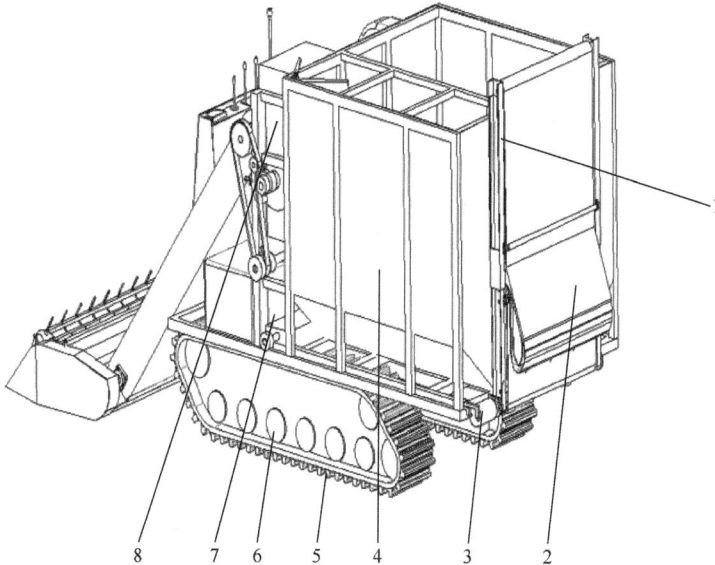

1. 下料装置；2. 伸缩式下料输送带；3. 卸料驱动电机；4. 储存箱斜面挡板；5. 履带；6. 滑轮；
7. 行进装置；8. 传动带。

图 3-7　水生植物规模化采收设备侧面图

水生植物规模化采收设备透视图如图 3-8 所示。

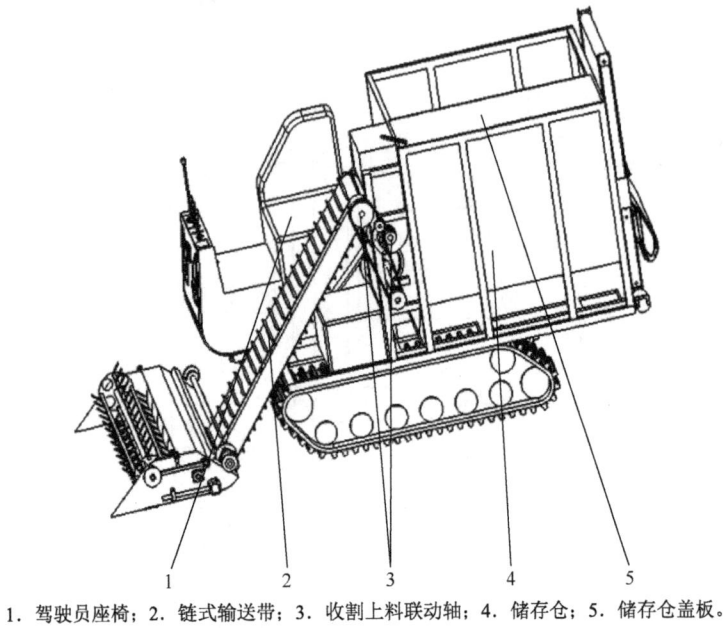

1. 驾驶员座椅；2. 链式输送带；3. 收割上料联动轴；4. 储存仓；5. 储存仓盖板。

图 3-8　水生植物规模化采收设备透视图

该设备收割装置与上料仓相连，将收割后的绿狐尾藻经上料仓送至储存仓，再经下料装置完成卸料。收割装置包括收割装置伸缩轴、复式切割器、拨料杆和双螺旋绞龙输送轴。将绿狐尾藻通过复式切割器切断后，将拨料杆拨至双螺旋绞龙输送轴，再由双螺旋绞龙输送轴将其传送至上料仓完成收割过程。其中，收割装置与中控台相连，利用中控台可以根据水深和绿狐尾藻高度，通过收割装置高度调节杆调整收割装置高度。

上料仓包括上料箱体和链式输送带。收割后的绿狐尾藻由链式输送带传输至储存仓，其中上料仓链式输送带与收割装置由中控台同时开启，以实现边收割边传输。

储存仓包括储存箱箱体和下料装置。储存仓顶部设有盖板，以保证上料过程中绿狐尾藻全部掉落在储存箱内；底部呈斜面，以保证下落的绿狐尾藻掉落在卸料绞龙上；尾部设有下料装置，下料装置与储存箱底部卸料绞龙相连。当储存箱装满后，机器停靠至路边，通过卸料绞龙与下料装置完成卸料，其中卸料绞龙和下料装置与中控台相连，因此可以通过中控台调整其延伸部分的高度，以完成与运输车辆的对接，实现卸料。

行进装置包括履带和滑轮，主要用于适应田间水深和泥土软硬程度，保证机器正常行驶。

（2）主要技术参数。

① 整体传动力设计。在整体传动力设计中，针对湿地操作的特殊情况，设计主轴转速为 400r/min。

② 发动机主轴的设计。

a. 主轴 I 的功率 $P_2$= 0.5225kW，转速 $n_2$=384.6r/min，力矩 $T_2$=12 794.19N·mm。

b. 初步确定轴的最小直径，选取 45 号钢调质处理后的材料作为轴的材料，确定最小直径 $d_{min}$=12.4mm。

c. 轴的结构设计。

根据轴的最小直径，结合轴的刚度和震动，现取 $d_{I\sim II}$=30mm，为了满足皮传送带上的轴向定位要求，在 I～II 轴段右端设置一个轴肩，因此取 II～III 轴段直径 $d_{II\sim III}$=35mm，由于皮传送带的尺寸 $L$=28cm，现取 $L_{I\sim II}$=27mm。

3）创新点

① 设计了一款专门针对绿狐尾藻田间收割的机械设备。

② 采用人工收割耗时耗力、效率低下、成本高，而使用水生植物规模化采收设备则大大降低了生产成本，提高了收割效率。同时，收割装置和上料传送带联动，实现边收割边传输，在收割的过程中能初步破碎物料，为后续深加工节约破碎成本，降低整个产业链的生产成本。

③ 采用传统挖机收割水生植物容易挖到湿地底部的泥土，收割起来的泥土会降低湿地植物加工的原料品质，增加清洗成本，并且挖机收割都是整株收割，需要重新布种，增加了布种成本。采用水生植物规模化采收设备收获的都是表层的植物，营养价值较高且比较干净，由于水生植物大多是无性繁殖，只需要一次性播种，可以保留水生植物的根茎继续作为种苗进行繁殖，同时也可以降低后续清洗成本。

4）成本效益分析

① 经济效益。通过使用该设备，可显著提升水生植物的采收量，从而降低其采收成本，使收割成本低至 10 元/t。

② 社会效益。将该设备应用于我国绿狐尾藻生态湿地中，可提高水生植物的采收效率，减少人工劳动力，促进采收设备机械化，有利于提升水生植物资源化利用率。

③ 生态效益。通过使用该设备，可以使水生植物收割效率达到 90%以上，减少人工采收植物浪费，具有良好的生态效益。

5）技术成果应用范例与应用效果

目前该设备已应用于河南信阳五星生态科技农业观音山种养基地。该设备一天能运行 6～8h，采收量为 30～40t。与之前的人工采收设备相比，使用该设备后采收量提高了 500%。该设备在水生植物采收领域具有巨大潜力。

　　水生植物规模化采收设备实物图如图 3-9 所示。

（a）收割机侧面　　　　　　　　　　（b）收割机作业

图 3-9　水生植物规模化采收设备实物图

6）应用范围

该设备适宜在水深度为 0～20cm 的人工湿地中作业。

**2. 水生植物规模化加工设备**

1）功能用途

国内现有的青贮原料前处理主要使用破碎设备。为了解决含水量较大的问题，农户在生产过程中主要采用晾晒或购买简单脱水设备的方法，而市场上的脱水设备存在以下问题。①市场上没有将传送、破碎、脱水组合为一体的设备，各环节都需要配置不同的设备，处理效率低下。②设备针对单一原料，不同原料利用同一脱水设备，脱水效率不同。③脱水效率较差且不稳定。在实际生产中，原料收集本身含水量不可控，因此原料在现有脱水设备中的脱水率一般较差且不稳定。④脱水设备对原料未经破碎就直接挤压脱水，容易出现堵塞、出料慢等问题。现阶段，大量非常规饲料原料经过青贮发酵后进入动物养殖环节，因此青贮原料破碎、脱水设备的开发与应用应迎合市场需求，解决原料破碎环节的整齐度和脱水环节的效率稳定性问题。

针对绿狐尾藻水生植物能够高效吸收水体中氮、磷的特点，为了使其吸收的氮、磷能够资源化利用，作者研发了水生植物规模化加工设备，使加工设备集脱水、粉碎、贮存于一体，能将收割的水生植物加工成青贮饲料。

2）性能参数

（1）设备结构。

该设备主要包括主机架、破碎机、脱水机、传送系统等。主机架上设有传送系统、破碎机、脱水机和动力装置；传送系统的出口与破碎机的入口对接，破碎机的出口与脱水机的入口连接。破碎机包括破碎机控制器、破碎机电机、破碎机连接轴和破碎刀片，通过连接轴连接电机和破碎刀片，以实现物料破碎。脱水机包括脱水机控制器、脱水机电机、脱水机滚筒、脱水机螺旋叶片、压力调节器、脱水机出水口和下料处。原料通过破碎机后直接掉落至脱水机，脱水机通过脱水机滚筒和螺旋叶片完成挤压脱水。

　　水生植物规模化加工设备主体示意图如图 3-10 所示。

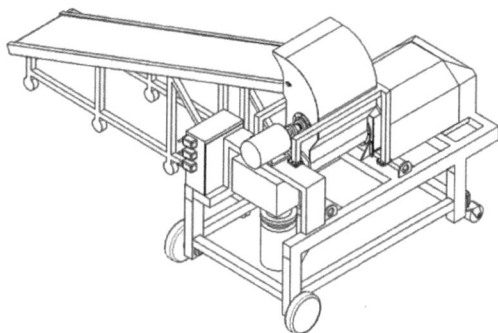

图 3-10　水生植物规模化加工设备主体示意图

　　水生植物规模化加工设备结构示意图如图 3-11 所示。

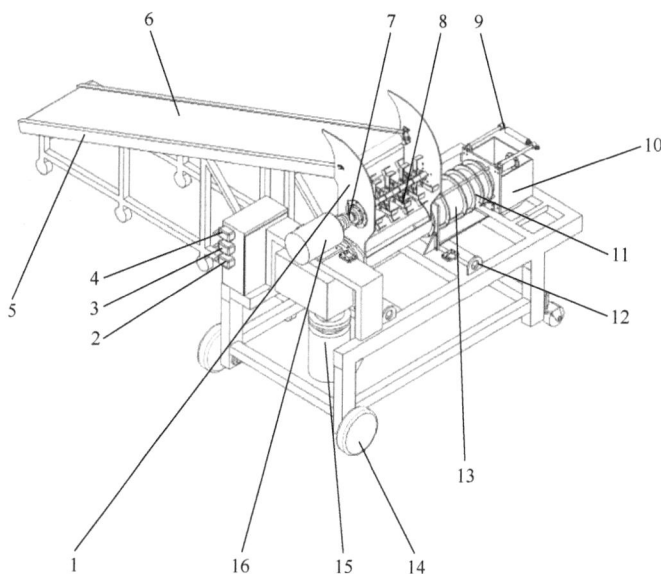

1. 破碎机；2. 传送系统控制器；3. 脱水机控制器；4. 破碎机控制器；5. 传送系统；6. 传送带；
7. 破碎机连接轴；8. 破碎刀片；9. 压力调节器；10. 脱水机；11. 脱水机螺旋叶片；12. 主机悬挂处；
13. 脱水机滚筒；14. 主机轮胎；15. 脱水机电机；16. 破碎机电机。

图 3-11　水生植物规模化加工设备结构示意图

水生植物规模化加工设备传送系统侧视图如图 3-12 所示。

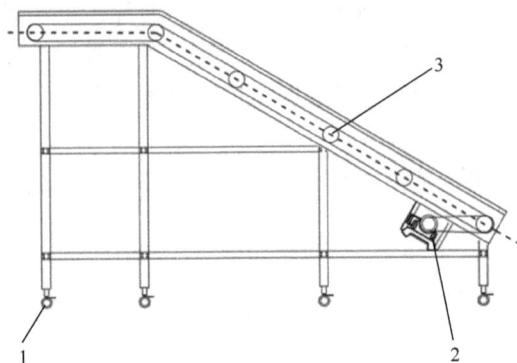

1. 传送系统电机；2. 传送系统万向轮；3. 传送带滑轮。

图 3-12　水生植物规模化加工设备传送系统侧视图

（2）主要技术参数。

型号：WHZ-22A1。

破碎功率：11kW。

脱水功率：11kW。

额定电压：三相 380V。

处理量：$q$=0.83kg/s。

脱水率：95%以上。

传送水生植物速率：10cm/s。

加工设备的总长为 2750mm，总高为 2080mm，总宽为 1400mm。

整机重量：1015kg。

3）创新点

（1）本设备生产效率在同等功率和电耗下比现有破碎设备高出数倍，提高了生产效率，降低了生产成本。

（2）利用本设备可以根据不同原料的发酵要求调节出料的含水量。现有设备出料的含水量大多为一个固定值，不利于青绿饲料发酵。采用本设备可以根据不同原料的发酵要求调节出料的含水量，给发酵饲料中的微生物提供良好的栖息条件，改善发酵饲料的适口性，增加其营养价值。

（3）实现全年生产。由于青绿饲料含水量过高，不利于发酵，现有青绿饲料加工大多比较依赖天气，需要选择较好的天气在田间地头收割完水生植物，采用日晒蒸发其含水量，然后将其运送至厂房进行加工。使用本设备可以不依赖天气，随时将水生植物收割至厂房进行加工，减少人工和机械设备闲置时间，增加企业收益。

4）成本效益分析

（1）经济效益。使用本设备，可显著提升水生植物加工为青贮饲料的量，从而降低其加工成本，使加工成本低至 30 元/t。

（2）社会效益。本设备在我国绿狐尾藻生态湿地中的普及应用，可提高将水生植物加工成饲料的效率，减少操作和人工劳动力，使加工设备更加智能化，有利于提升水生植物资源化利用率。

（3）生态效益。通过使用本设备，可以使水生植物脱水率达到 95% 以上，使水生植物利用率达到 99% 以上，避免水生植物脱水率不高、破碎不完全，具有良好的生态效益。

5）技术成果应用范例与应用效果

目前本设备已应用于河南信阳五星生态科技农业观音山种养基地。本设备一天能运行 5～6h，加工量为 15～20t。与之前的脱水、粉碎、贮存设备相比，加工量提高了 600%。本设备在水生植物资源化利用领域具有巨大潜力。

水生植物规模化加工设备主体如图 3-13 所示。

图 3-13　水生植物规模化加工设备主体

水生植物脱水加工及水生植物饲料配制如图 3-14 和图 3-15 所示。

图 3-14　水生植物脱水加工

图 3-15　水生植物饲料配制

6）应用范围

本设备适用于蛋白质含量高的各种水生植物的加工，尤其是绿狐尾藻。

# 3.2　养殖污水氮、磷高效提取技术

## 1. 技术背景

在处置畜禽养殖粪污过程中，厌氧发酵沼气工程已成为核心工艺，该工艺产生的大量副产物——沼液，含有丰富的氮、磷养分，有机质，氨基酸，维生素等有益成分。直接将沼液经灌溉系统还田，短期效益明显，但从长远来看，不仅存在二次污染问题，还存在输灌设备因沼液成分复杂而发生堵塞的问题。同时，沼液农用季节需求不均、有限的土地承载力与沼液产生的连续性之间的矛盾长期存在。因此，采用具有养分资源回收功能的沼液处理技术，是解决沼液出路问题、降低畜禽养殖业污染风险的重要途径。

## 2. 主要技术成果

1）主要内容

（1）基本原理。

在养殖污水尤其是畜禽养殖粪污厌氧消化的污水中，氨氮是氮素中的主要形态。氨氮在水中存在如式（3-5）所示的化学平衡。氨分子（$NH_3$）和铵离子（$NH_4^+$）处于一种化学平衡状态，该过程主要受反应环境 pH 和温度的影响。随着溶液 pH 的升高，氨氮反应平衡向右侧移动，引起氨分子分解，进而形成游离氨（freeammonia, FA）。游离氨包括水溶液中的液相 $NH_{3(aq)}$ 和气相 $NH_{3(g)}$，在溶液中遵循如式（3-6）所示的规律处于平衡状态。该平衡取决于氨氮浓度与环境条件（尤其是温度）。

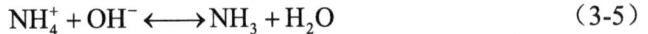

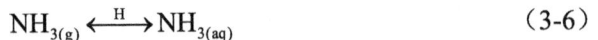

$$NH_4^+ + OH^- \longleftrightarrow NH_3 + H_2O \tag{3-5}$$

$$NH_{3(g)} \xleftrightarrow{\ H\ } NH_{3(aq)} \tag{3-6}$$

（2）技术流程简介。

本技术利用一种具有透气且不易透水功能的疏水膜管材，构建功能化反应模块，通入酸性氨氮提取剂，创造一定的反应条件，促进污水中的氨氮向游离氨中的气相氨分子转化。在污水与氨氮提取剂两端气相氨氮分压梯度的驱动下，养殖污水中的氨氮以气态氨分子形式脱出，透过疏水膜壁与氨氮提取剂发生反应生成液态铵盐，直接转化为速效液态氮素资源。

养殖污水高效提取技术工艺流程如图 3-16 所示。将调节池内的养殖污水先经砂滤、精密过滤器等预处理单元，去除一定粒径的悬浮颗粒物质后，通入一定量空气进行微曝气，再由泵引入气体渗透膜功能模块，同时用配置好的酸性氨氮提取剂由另外管路引入气体渗透膜功能模块。当引入养殖污水与酸性提取剂分别达到功能疏水膜管管壁的两侧时，养殖污水中的气相氨氮分子在合适条件下扩散、渗透至管壁另一侧，与酸性氨氮提取剂发生反应形成铵盐。酸性提取剂在提取液储存桶与气体渗透膜功能模块间循环流动，直至由酸性逐渐变化至近中性，这表明氨氮提取剂基本饱和。此时收集氨氮提取剂作为液态有效氮肥，装瓶储存或直接用于农产品或其他植物的栽培种植。原型样机如图 3-17 所示。

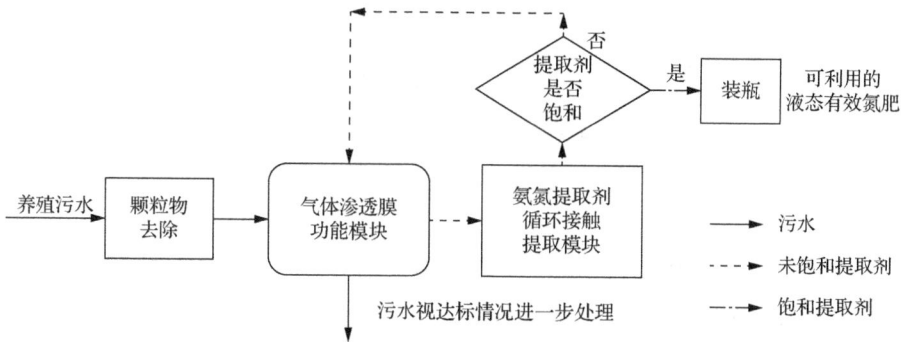

图 3-16　养殖污水高效提取技术工艺流程

图 3-17　原型样机

（3）核心单元。

养殖污水氨氮高效提取技术的核心单元主要包括气体渗透膜功能模块与提取剂循环接触提取模块。

① 气体渗透膜功能模块。气体渗透膜又称防水透气膜，广泛应用于服装、建

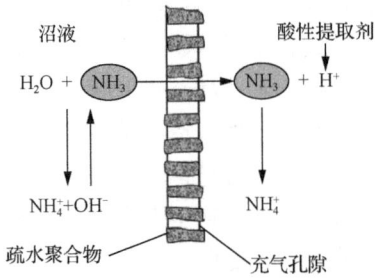

图 3-18　气体渗透膜功能示意图

筑、电子、化工、医疗等领域，具有优异的耐化学腐蚀性能、抗老化性能、低表面性能、绝缘性能和阻燃性能。它具有的微米级别孔道，能够有效阻挡液态水和固体粉尘，具有优异的防水防尘功能，且高空隙率能让空气和水蒸气分子顺利通过，具有良好的透气功能。气体渗透膜功能示意图如图 3-18 所示。

气体渗透膜被集成为一个整体功能性单元，即气体渗透膜功能模块，如图 3-19 所示。将多支气体渗透膜集成成束，两头以隔水性黏结剂封装到圆筒形外壳两端，在圆筒形外壳中间设置一根中心管贯穿于多支气体渗透膜之中。中心管在两端封装腔体内部管段开凿有孔隙，这样的布水方式可使养殖污水沿垂直方向向膜管布水，具有更好的气液传质效率。在外壳两端的圆筒壁处，分别设置进出液管，其内部与封装空腔联通，进而与气体渗透膜膜管相通，使酸性氨氮提取剂由上部进液管进入，由下部出液管排出。根据所处理养殖污水的排放规模、污染物含量情况，可通过并联模块或串联模块无限扩充处理系统。

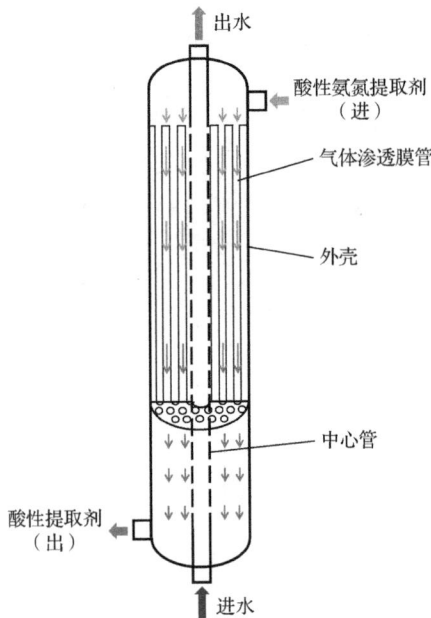

图 3-19　气体渗透膜功能模块示意图

② 提取剂循环接触提取模块。为配置一定浓度的稀酸溶液，须将配置好的氨氮提取剂事先储存在酸性提取剂储液桶内，在储液桶底部接耐腐蚀循环泵，在泵

出水处连接气体渗透膜功能模块的酸性提取剂进液端，在储液桶上部接气体渗透膜功能模块的酸性提取剂出液端，从而实现氨氮提取剂在气体渗透膜功能模块间的循环接触反应。

2）主要技术参数与竞争优势

（1）主要技术参数。

本技术运行温度为 1～45℃（最佳温度为 4～40℃），养殖污水适宜反应 pH>9.5，养殖污水端适宜工作压力为 0.01～0.02MPa，酸性提取剂端最佳工作压力为 0.01～0.1MPa，适宜微曝气速度为 0.01～0.36L/min。制作酸性提取剂可利用浓硫酸配置，适宜浓度为 0.1～0.8mol/L。

（2）竞争优势。

① 气体渗透膜功能模块内部以酸性提取剂作为脱氨动力，与吹脱塔以空气吹扫作为脱氨推动力相比，氨氮脱除效率大大提高。

② 将氨吹脱和氨吸收合二为一，设备占地面积小。

③ 反应单元模块化，组合灵活，扩容方便。

④ 气体渗透膜功能模块在封闭环境中运行，可保证无氨气泄漏，运行环境良好，回收率高。

3）技术进步分析

本技术克服了膜浓缩法、回收法普遍存在的由膜污染造成的运行持续性和经济性障碍，弥补了鸟粪石沉淀回收法药剂用量较大、沉淀回收烦琐，生物吸收法依赖光照、温度等自然条件的不足，具有较好的技术先进性。养殖污水氨氮高效提取技术与已有技术的对比如表 3-1 所示。

表 3-1　养殖污水氨氮高效提取技术与已有技术的对比

| 工艺名称 | 操作压力 | 是否加药 | 能耗 | 运行持续性 | 维护难易 |
|---|---|---|---|---|---|
| 反渗透 | 1.0～10MPa | 否 | 高 | 易堵塞 | 难 |
| 纳滤 | 0.5～2.0MPa | 否 | 较高 | 易堵塞 | 中等 |
| 鸟粪石沉淀 | 常压 | 是 | 低 | 不堵塞 | 易 |
| 养殖污水氨氮高效提取技术 | 不超 0.02MPa | 否 | 较低 | 不堵塞 | 易 |

3. 创新点

本技术可在低压下实现畜禽养殖污水氨氮回收，利用微曝气提高污水 pH，无须投加药剂，同时大幅降低无膜污染风险，回收的氮元素以液态铵盐形式存在，纯度高，可直接资源化利用。

#### 4. 技术成果应用范例与应用效果

1）应用范例

目前本技术设备的研发处于中试样机阶段，原型样机已于2022年9月下旬安置到试验基地。该试验基地毗邻河北省廊坊市永清县某生猪养殖场。该生猪养殖场占地460亩，拥有建筑面积65 000m$^2$的高标准猪舍及相应生产设施，主要开展无公害生态养殖，常年存栏生猪5万头，年出栏生猪15万头。

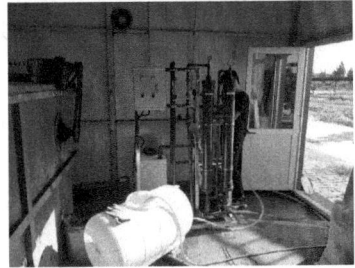

养殖污水氨氮提取中试样机已安置于该生猪养殖场的养殖污水处理站（图3-20和图3-21）。该养殖污水处理站采用气浮沉淀+UASB+缺氧好氧+膜生物反应器（membrane bio reactor，MBR）的组合工艺处理养殖污水。本技术设备样机设计污水处理规模为2.4～4.8m$^3$/d，样机进水取自污水处理站的UASB出水。

图3-20　试验基地养殖污水处理站　　　图3-21　养殖污水氨氮提取中试样机安置现场

2）应用效果

养殖污水氨氮提取中试样机目前处于安装调试之中。实验室实验结果表明，本技术对低浓度（氨氮含量约100mg/L）养殖污水和高浓度（氨氮含量约4000mg/L）养殖污水均可回收80%以上的氨氮，同时经处理后尾液氨氮浓度可降到《畜禽养殖业污染物排放标准》（GB 18596—2001）中的允许限值以下。

#### 5. 应用范围

该技术适用于养殖污水氨氮浓度为100～4000mg/L的养殖污水处理。

# 3.3　养殖污水定向转化有机酸技术

#### 1. 技术背景

中国是养殖第一大国，每年会产生约38亿t禽畜养殖粪污，因此养殖粪污的高效处理已成为实现环境保护和农业可持续发展的重要前提（Shen et al.，2019）。

传统厌氧发酵处理粪污的产品种类单一、附加值低，因此亟须找到一条高效转化养殖粪污、制备高附加值产品的绿色生产道路。同时，传统石油基塑料制品造成的"白色污染"问题日益严峻，开发低成本的生物可降解塑料制品备受关注。其中，聚羟基脂肪酸酯（polyhydroxyalkanoates，PHA）可完全被生物降解，已成为全球研究的热点（Ning et al.，2018；Liu et al.，2020）。作者利用高浓度养殖污水高效酸化技术，定向生产有机酸，进而转化合成 PHA，形成了养殖污水定向酸化—PHA 制备耦合工艺，实现了利用低成本养殖粪污资源化制备高附加值可生物降解塑料的目标，对环境污染治理，农业、经济和社会可持续发展具有重要意义。

2. 主要技术成果

1）主要内容

（1）基本原理。

养殖污水中含有丰富的有机组分，能在厌氧环境中经水解细菌和酸化细菌的作用转化为小分子有机酸（乙酸、丙酸、丁酸、戊酸等），其酸化效率与不同有机酸的生成量受温度、pH、接种物等多种因素影响（Amin et al.，2020）。特殊微生物以有机酸为碳源供自身生长，同时在细胞内聚合生成 PHA，所合成的 PHA 种类取决于不同有机酸的配比方式。

（2）技术工艺流程简介。

养殖污水定向转化有机酸技术总流程示意图和实物图如图 3-22 和图 3-23 所示。将养殖污水在厌氧反应器中快速酸化，通过改变温度、调整 pH、热激污泥等操作，制备不同比例的高浓度有机酸；将酸化液经沉降、离心等单元操作后去除其中的固体悬浮颗粒，随后进入膜分离系统对有机酸进行回收；将膜分离后的有机酸通入 PHA 合成反应器中，使其在无菌环境下被好氧细菌富养罗尔斯通氏菌转化成 PHA，并根据酸化液中有机酸的不同配比，合成不同种类的 PHA 产品。分离提取后的 PHA 可作为制备生物可降解塑料的原材料，用于制备塑料袋、塑料餐具、农业地膜等。

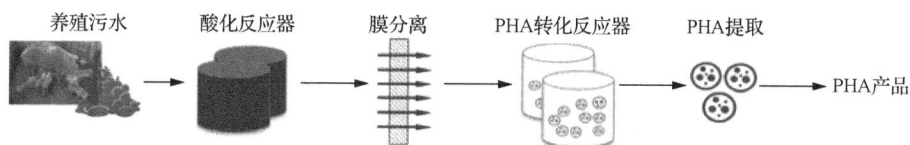

养殖污水　酸化反应器　膜分离　PHA转化反应器　PHA提取　→ PHA产品

图 3-22　养殖污水定向转化有机酸技术总流程示意图

图 3-23　养殖污水定向转化有机酸技术总流程实物图

（3）主要技术板块。

养殖污水定向转化有机酸技术的核心单元主要包括养殖粪污定向酸化模块、有机酸高效回收模块和 PHA 转化制备模块。

① 养殖污水定向酸化模块。养殖污水定向酸化模块通过改变有机负荷、调节反应器温度和 pH、热激污泥等手段，成功抑制厌氧消化系统中产甲烷菌的活性，减少甲烷副产物的产生，提高系统的酸化效率及有机酸产量，并在特定条件下定向制备不同比例的混合有机酸。当进料负荷较低时，利用该模块可生产出乙酸、丙酸、丁酸和戊酸占比接近的混合有机酸；通过调控反应器温度与 pH，生产出以丁酸和乙酸为主的有机酸化液，其丙酸和戊酸含量较低；调控有机负荷，结合热激法预处理污泥，成功制备了以丁酸和戊酸为主的高浓度有机酸，其总有机酸浓度高达 5.1%，其中丁酸含量达到 90%。该模块利用高浓度有机污水定向酸化制备不同比例的有机酸，为 PHA 的合成奠定了重要的基础。

② 有机酸高效回收模块。有机酸高效回收模块基于亲水性高、物理性能好、耐化学腐蚀能力强的聚偏二氟乙烯（PVDF）水系微滤膜，结合沉降、离心等前处理技术手段，开发了有机酸的高效膜法回收体系。在压力的驱动下，利用该模块有效去除了酸化液中的大分子、细菌等杂质，回收制备了无菌的有机酸，提高了有机酸的回收效率，总有机酸回收率高达 95.1%。同时，该模块缩短了膜法分离回收总时长，降低了大分子物质造成滤膜堵塞的概率。

③ PHA 转化制备模块。PHA 转化制备模块以菌体产量大、PHA 转化率高、实用性强的好氧细菌富养罗尔斯通氏菌为 PHA 合成细菌，结合 PHA 合成反应器（图 3-24）的温度、pH、转速、曝气等调控系统，优化调整反应过程参数，增加了反应器中的 PHA 产量，提高了 PHA 的转化效率，使 PHA 最高转化率达到 0.3gPHA/gVFA（volatile fatty acid，挥发性脂肪酸）。通过改变有机酸的配比方式，利用仅含偶数碳（乙酸、丁酸）的有机酸合成了聚β-羟基丁酸脂（PHB），而在含有奇数碳（丙酸、戊酸）有机酸的条件下成功制备了力学性能更好的聚羟基丁酸戊酸共聚酯（PHBV）产品，并通过调整有机酸中丙酸和戊酸的比例对 PHBV 中

的 3-羟基戊酸含量进行调控。利用该模块成功制备的 PHA 产品及塑料制品如图 3-25 所示。

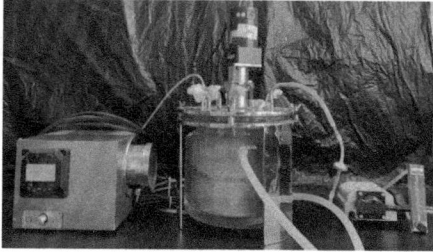

图 3-24　PHA 合成反应器

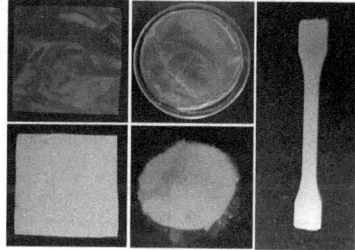

图 3-25　PHA 产品及塑料制品

2）主要技术参数与竞争优势

（1）主要技术参数。

将厌氧污泥在（80±2）℃条件下热激预处理 1～2h，设置酸化反应器运行温度为（37±1）℃，将 pH 控制在 6.0 以下；设置膜分离回收过程中的工作压力为 0.01～0.1MPa，设置温度为 5～45℃，滤膜为孔径 0.22μm 的 PVDF 膜；PHA 合成反应器的操作温度为（30±1）℃，内设三叶搅拌系统，转速为 20～40r/min，曝气量为 1.5～3.0L/min，初始 pH 控制为 7.1±0.1。

（2）竞争优势。

① 实现了高浓度养殖污水的快速酸化，并利用温度、pH 及热激污泥等调控手段，灵活改变有机酸的比例。

② 在高有机负荷下成功制备了以丁酸、戊酸为主的高浓度有机酸，总酸浓度达到 5.1%，其中丁酸含量高达 90%，有利于后续 PHA 的合成。

③ 确定了基于 PVDF 材料的膜法分离回收技术，成功实现了沼液中有机酸的高效回收，总有机酸回收率高达 95.1%，为 PHA 的合成转化提供了原料。

④ 实现了以偶数碳有机酸定向制备 PHB、以奇数碳和偶数碳有机酸共混制备 PHBV 的目标，并通过改变奇数碳有机酸的比例对 PHBV 中 HV 含量进行调控。

⑤ 制备的 PHBV 产品力学性能较好，测试结果为：熔点为 177℃，弹性模量为 118.12MPa，屈服应力为 3.67MPa，拉伸强度为 5.69MPa，断裂伸长为 182.44%。

⑥ 通过 PHA 反应器配置温控、pH、搅拌、空气泵及通气、回气、进料、抽料管路等多个单元组件，能对反应系统中各参数进行实时监测与快速调控，操作便捷。

3）技术进步分析

我国农业养殖每年产生大量的禽畜养殖粪污，利用微生物厌氧发酵生产甲烷的方式进行处理存在产品过于单一、附加值低等问题。本技术针对高浓度畜禽养殖污水，通过微生物高效酸化技术将之快速定向生产为高浓度有机酸，进而转化为 PHA，变废为宝，在缓解养殖污水和石油基塑料造成的环境污染的同时，制备附加值较高的生物可降解塑料，具有创新性。利用本技术基于不同酸化产物已成功制备出不同组成的 PHA 产品，PHA 最高转化率为 0.3gPHA/gVFA，其中 PHBV 产品因具有良好的力学性能而广受关注。利用畜禽养殖污水高效定向生产有机酸后，经富养罗尔斯通氏菌合成 PHA 的耦合反应制备技术为作者首创，国内外未见报道。国内外相关 PHA 制备技术比较如表 3-2 所示。

**表 3-2　国内外相关 PHA 制备技术比较**

| 项目 | 底物类型 | 接种物 | 碳源浓度 | PHA 转化率/% | 数据来源 |
|---|---|---|---|---|---|
| 养殖污水定向转化有机酸 | 猪粪酸化发酵液 | 富养罗尔斯通氏菌 | 48.5g/L | 30 | 本书 |
| 国内研究进展 | 粗甘油 | 剩余污泥 | 2g/（L/d） | 35 | 刘莹，2019 |
| | 乙酸 | | 2.25g/L | 12.30 | 冉依禾等，2017 |
| | 花生渣厌氧发酵液 | | 0.65～0.75g/L | 17.25 | 谢一涵等，2020 |
| | 自配 VFA | 复合菌系 | 5.76g/L | 12.33 | 贾倩倩，2013 |
| | 污泥水解液 | | 5g/L | 30.74 | 王秀锦，2014 |
| | VFAs | 嗜盐混合菌 | 1.76g/L | 34.20 | 崔有为等，2015 |
| | 剩余污泥水解酸化液 | 罗氏真养菌 | 2.88g/L | 32.14 | 盛欣英，2012 |
| 国外研究进展 | 干酪乳清 | 活性污泥 | 12.55g/L | 40 | Domingos et al.，2018 |
| | 干酪乳清 | 混合培养物 | 35g/L | 28～30 | Valentino et al.，2015 |
| | 丙酸 | 钩虫贪铜菌 | — | 26 | Pittmann and Steinmetz，2013 |

3. 创新点

本技术针对高浓度养殖污水，通过微生物高效酸化技术将之快速定向生产为高浓度有机酸，并成功转化合成附加值较高的 PHBV 产品，且利用 PHBV 材料制备了力学性能较好的生物可降解塑料制品，具有创新性。

4. 应用范围

养殖污水定向转化有机酸技术适用于处理总固体含量为 1%～15%的养殖污水，包括养殖污水快速酸化和 PHA 合成两个部分。其中，养殖污水快速酸化周期为 5～10d，pH 为 5～6.5；PHA 合成周期为 1～3d，pH 为 7～8。利用本技术可通过控制反应条件定向制备不同有机酸组成的高浓度有机酸，并根据不同有机酸组成合成不同种类的 PHA 产品。

# 第4章 基于养殖污染控制与废弃物资源化利用的快速检测技术和设备

## 4.1 集约化养殖场气体污染物原位速测技术和设备

### 1. 技术背景

开展畜禽养殖场气体污染物检测，为养殖业污染防控决策提供准确有效的监测数据，对于保障养殖业绿色稳定发展至关重要（李厅厅等，2019）。目前，我国畜禽舍结构多为开放和半开放型，气体流动性强且受区域性影响大，现行检测设备无法满足养殖场监测需求，缺乏规范化、标准化养殖场气体检测技术规程，这使畜禽养殖气体污染物检测及评估具有一定的难度（蒲施桦等，2018）。因此，作者针对养殖场气体污染物检测技术不规范、连续性差、设备寿命短、精准度低等问题，通过研发集约化养殖场气体污染物原位速测技术和设备，提高传感器稳定性和精准度，建立适合我国集约化养殖场气体污染物原位快速检测的技术标准，为养殖场规划布局和养殖污染物减量提供有效检测手段，为集约化养殖场粪污污染综合防治提供技术支撑。

### 2. 主要技术成果

1）主要内容

基于电化学与红外原理相结合的多组分有害气体原位速测设备终端由触摸屏、数据采集盒、气体检测模块、直流转直流（direct current-direct current，DC-DC）降压模块、采样泵、保险、组合气室及气体传感器等组成。该设备具有灵敏度高、操作方便、体积小巧、现场布点方便的特点，可实现主要有害气体（二氧化碳、硫化氢、氨气、甲烷）响应时间<1min、检测显示精度≤±5%全量程、检测频次≤10min/样的检测性能，并配备了基于通用分组无线服务（general packet radio service，GPRS）数据传输与介质存储相结合的气体污染物远程数据智能处理平台，可通过 GPRS 将主要气体污染物（氨气、甲烷、二氧化碳等）浓度各项数据及设备运行状态信息与数据处理平台连接。该设备配有 24V 便携式可充电锂电池，能

够提供 24h 数据连续测量，解决原位速测设备在采样—传输—存储过程中数据的融合、协调、稳定及连续性问题。

为提高检测设备的使用年限，设计研发了一种禽舍有害气体传感器在线校准标定装置，该装置采用分析气室、校准气室、传感器清洗气室"三合一"设计，可同时完成气体检测采样、传感器清洗采样和定期校准采样；可避免传感器与待测气体的长期接触；解决了气体采样过程中积聚于减压阀及其连接管路之中的"死气"不能完全排出的问题，延长了传感器使用年限，比国内同类产品的使用年限长 2～3 年。

2）主要技术参数与竞争优势

（1）内部结构设置。

该设备设有电池电量检测模块，可显示电压、电流及估测可续航时间，提醒用户及时充电，增加仪器的使用年限。气泵需要 5V DC 供电，装置内部设有 24V 到 5V DC-DC 转换器。触摸屏选用型号为 TPC7062K 7#,采用薄膜晶体管（thin film transistor，TFT）液晶显示、真彩（发光二极管背光），分辨率为 800dpi×480dpi。该设备系统设置了触摸屏背光灯自动关闭，可休眠待机，不影响数据采集记录。舍内有害气体常呈现气团状，为使数据连续稳定，可采用抽气式在线检测，循环抽气采样流量为 1L/min，气室设计采用防腐蚀性材料的 3 位组合气室，增加进气过滤装置，避免了畜禽舍内粉尘、风速及气体流动对采样的影响，准确、均匀地检测舍内空气质量。

（2）外部结构设置。

该设备外形尺寸为 205mm×185mm×100mm。设备实物图如图 4-1 所示。该设备内置升降装置，可升降温湿度、风速探头，保证探头检测的灵敏度。该设备配备标准集成电路（integrated circuit，IC）卡接口，历史数据转存快捷方便。通过该设备的手机微信小程序，用户可随时随地进行设备、数据查看，可添加终端用户，实现检测布点规范化、设备使用标准化、数据采集—处理—分析精准化。

图 4-1　设备实物图

（3）气体校准结构设计。

气体校准结构采用单泵抽样设计，同时完成气体检测采样、传感器清洗采样和定期校准采样；电路采用单片机（microcontroller，MCU）控制技术，采样流量、周期、频次可调；检测气流从侧面流过，可避免传感器与待测气体的长期接触；解决了气体在采样过程中积聚于减压阀及其连接管路之中的"死气"不能完全排出的问题，延长了传感器使用年限，比国内同类产品的使用年限长 2～3 年。校准结构设计如图 4-2 所示。

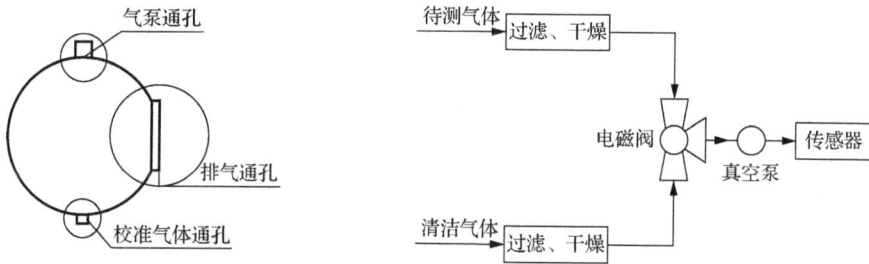

图 4-2　校准结构设计

该设备针对氨气、硫化氢、二氧化碳等主要气体污染物的检测频次≤10min/样；电池寿命>24h，主要技术参数如表 4-1 所示。

表 4-1　主要技术参数

| 检测参数 | 量程/（mg/m³） | 分辨率/（mg/m³） | 原理 |
|---|---|---|---|
| 氨气 | 0～100 | 0.1 | 电化学 |
| 硫化氢 | 0～100 | 0.1 | 电化学 |
| 二氧化碳 | 0～5000 | 1 | 非色散红外（non-dispersive infrared，NDIR） |

3）技术进步分析

（1）技术性能对比。

针对自研设备传感器的检测范围、精准度、响应时间等性能，与国内外气体检测设备如英纳瓦（INNOVA）、干涉（GASERONE）进行对比测评。该设备在70mg/m³ 标准气体检测中，检测偏差率为 1.2%，优于市场大部分气体检测设备，并接近红外光声谱设备的检测精准度（蒲施桦等，2019）。在重庆、河北的生猪、蛋鸡、肉兔养殖场进行了设备检测应用测评，该设备检测误差在±1.0mg/m³，数据精准度和重复性优于《中华人民共和国标准化法》中的标准（以下简称《国标法》）；为提升自主研发设备传感器使用寿命，减少检测环境干扰，配套研发了传感器现场校准标定气室，可实现设备定期现场自动化标定。

国内外现行常用气体检测技术比较如表 4-2 所示。

**表 4-2　国内外现行常用气体检测技术比较**

| 比对项目 | 实验室检测分析 | 红外光谱设备 | 气体检测管 | 电化学设备 | 自主研发设备 |
|---|---|---|---|---|---|
| 检测原理 | 紫外光分析 | 红外光谱 | 化学显色反应 | 电化学传感 | 电化学传感 |
| 精准度 | 0.01mg/m³ | 0.1mg/m³ | 2mg/m³±10%全量程 | 1mg/m³ | 0.1~1mg/m³ |
| 响应时间 | 采样：10~20min；测定操作：20min | 单气体测定：27s 多气体测定：60s | 单气体测定：20~40s | <60s | <45s |
| 操作流程 | 工作量大、所需人员多，且样品须及时返回检测 | 自动采样、检测，进行主机舍外样品分析 | 手动采样，显色分析 | 单点位自动检测，外界环境干扰大 | 采样、检测一体，自动检测，减少人为干扰 |
| 重复性 | 间断，平行好 | 连续性好，重复性高 | 间断，平行差 | 连续性好，重复性高 | 连续性好，重复性高 |
| 校准 | 实验室校准 | 返原厂校准，费用高 | 无校准 | 返原厂校准 | 在线校准 |
| 数据收集、传输 | 人为记录收集 | 设备收集，软件导出数据传输源不开放 | 人为记录 | 设备自主收集，软件导出数据传输源不开放 | 设备收集，远程传输 |
| 设备厂家 | 青岛崂应环境科技有限公司 | 英纳瓦（INNOVA）/干涉（GASERONE） | 霍尼韦尔（HONEY WELL） | 奥飞圣斯（OLFSENSE） | 保定鼎力畜禽养殖设备科技有限公司 |
| 优势产地 | 国内 | 美国、芬兰 | 美国、德国、日本 | 美国、德国 | 国产 |

（2）成本效益分析。

对国内外 4 种常规类型气体检测设备进行成本效益分析，按照养殖场气体检测需求，以 120d/年为监测周期，按 100 万元以上仪器设备的折旧期限为 10 年计算。在综合考虑设备检测精度的前提下，发现红外光谱气体检测设备的检测性能高，设备成本、年折旧额及维修成本高，适用于精度要求高、检测环境良好的气体分析实验；设备成本低的气体检测管，由于耗材使用量大，其单次检测成本高，不适用于长期连续气体监测任务；而基于电化学原理的多组分有害气体原位速测设备，相比现有电化学设备，在一定程度上提升了检测精度，延长了设备使用年限，降低了设备造价及维修成本，年折旧额小，可用于对国内养殖场长期有害气体的跟踪检测，其经济效益更高。成本效益分析表如表 4-3 所示。

**表 4-3　成本效益分析表**

| 设备名称 | 原理 | 检测精度/(mg/m³) | 设备成本/万元 | 维修成本/万元 | 耗材成本 | 使用年限/年 | 年折旧额/万元 |
|---|---|---|---|---|---|---|---|
| 红外光谱气体检测设备 | 红外光谱 | 0.1 | 100 | 2~10 | 1万元/年 | 10 | 10 |
| 电化学检测设备 | 电化学 | 1 | 5~8 | 1~2 | 0 | 5 | 1~1.6 |

续表

| 设备名称 | 原理 | 检测精度/ (mg/m³) | 设备成 本/万元 | 维修成 本/万元 | 耗材 成本 | 使用年 限/年 | 年折旧额/ 万元 |
|---|---|---|---|---|---|---|---|
| 气体检测管 | 物理化学 | 2%~10%全 量程 | 0.2 | 0 | 60 元/支 | 一次性 | 10.8 |
| 多组分有害气体原 位速测设备 | 电化学 | 0.1 | 2~3 | 0.1 | 0 | 10 | 0.2~0.3 |

3. 创新点

（1）研发了养殖场多组分有害气体原位速测设备，该设备采用单泵，可独立完成气体检测采样和传感器清洗采样，采样流量可调。

（2）构建了基于 GPRS 数据传输和介质存储相结合的气体污染物远程数据智能处理平台，解决多组分有害气体原位速测设备在采样—传输—存储过程中数据的融合、协调、稳定及连续性问题。

（3）提高了养殖环境多气体在线检测的精准度，避免了电化学传感器的检测漂移，延长了设备使用年限，为养殖场有害气体原位快速检测提供新方法。

4. 技术成果应用范例与应用效果

1）应用范例

（1）重庆市荣昌区双河街道高峰村应用示范。

① 示范点概况：基地占地面积为 50 余亩，总建筑面积为 5278m²，其中有试验猪舍 9 栋，面积为 3820m²，建有试验猪屠宰房、饲料加工房和办公生活用房等配套设施；可承载能繁母猪 100 头、仔猪及生长育肥猪 2000 头。

② 示范过程：2018~2019 年，在猪营养与环境调控示范猪场的猪舍中开展了《国标法》、INNOVA、GASERONE 及自主研发设备的现场气体浓度检测结果比对实验（图 4-3）。

图 4-3　气体检测设备的现场气体浓度检测结果比对实验

采用《国标法》、INNOVA 及自主研发设备在猪营养与环境调控示范猪场的现场开展连续检测，对比三者检测数据，发现结果相差不大，从检测结果误差可见，

《国标法》检测误差为 $1.2\sim1.55\text{mg/m}^3$，NNOVA 检测误差为 $0.27\sim0.96\text{mg/m}^3$，自主研发设备检测误差为 $0.31\sim0.85\text{mg/m}^3$。其中 INNOVA 和自主研发设备检测精准度显著高于采用《国标法》，且稳定性较好，数据连续性、即时性强（Pu et al.，2021）。不同检测方法数据对比如图 4-4 所示。

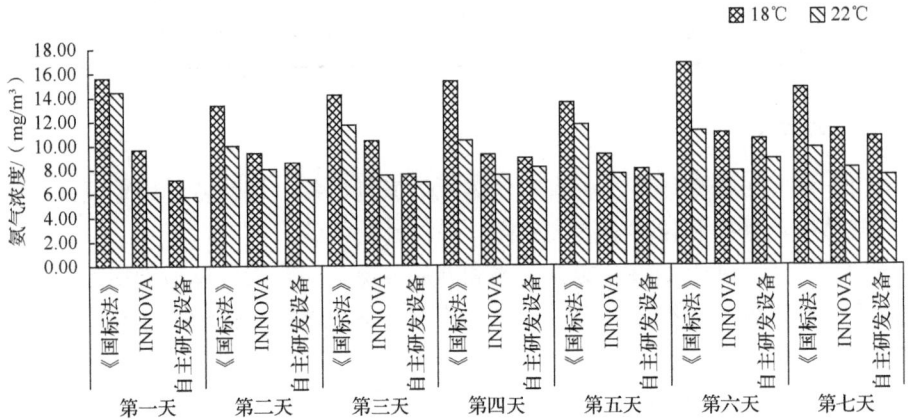

图 4-4　不同检测方法数据对比

（2）河北顶晟农牧科技有限公司应用示范。

① 示范点概况：该示范点养殖鸡舍采取 5 列 5 层 H 型笼层叠式结构，双层进出门在西侧。鸡舍为密闭式、彩钢结构，长为 76m，宽为 16m，檐高为 4.8m，脊高为 6m，建筑面积为 1216m²；在侧墙各设 34 个换气窗（110cm×36cm），湿帘总面积为 102m²（其中，净端湿帘为 14m×3m，距净端南北侧墙 9m 处的湿帘为 10m×3m），在污端设 18 个风机，功率为 1.1kW。每个鸡笼的面积为 450cm²。南北两侧分布有湿帘（106m²）用以加湿，采用乳头式饮水器供鸡群随时饮水，采用自动行车投喂饲料，采用传送带自动清粪到风机侧污道。

② 示范过程：示范点测试过程如图 4-5 所示，鸡舍结构如图 4-6 所示，各项测试结果如图 4-7～图 4-9 所示。

图 4-5　示范点测试过程

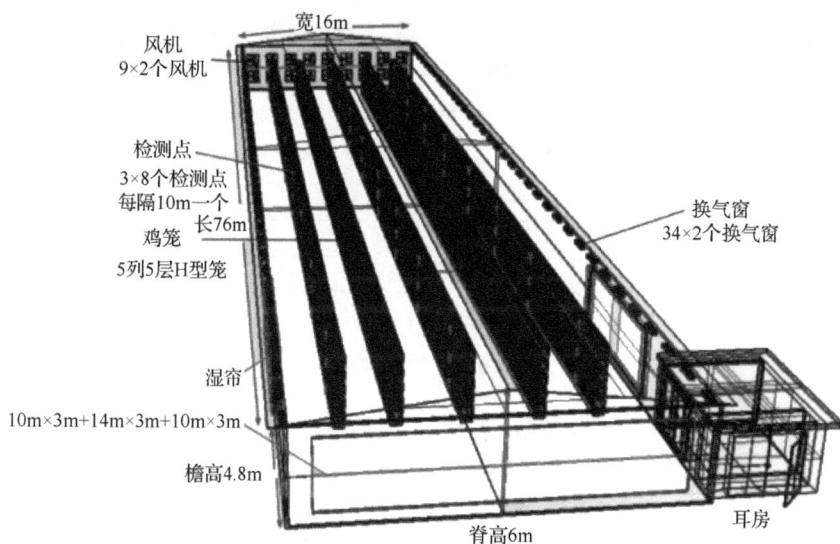

风机
9×2个风机

检测点
3×8个检测点
每隔10m一个

长76m

宽16m

换气窗
34×2个换气窗

鸡笼
5列5层H型笼

湿帘
10m×3m+14m×3m+10m×3m

檐高4.8m

脊高6m

耳房

图 4-6　鸡舍结构

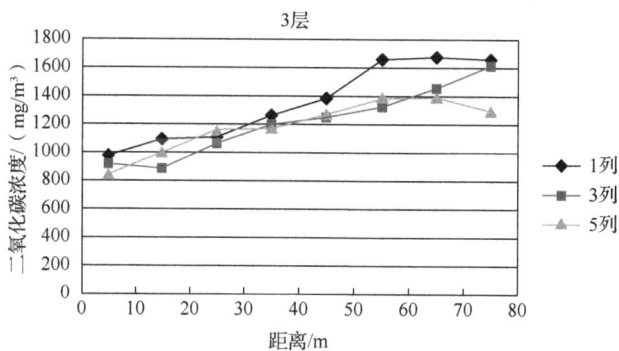

图 4-7　不同笼层二氧化碳浓度变化

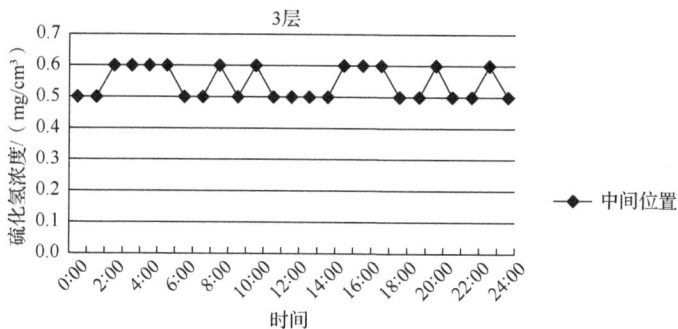

图 4-8　硫化氢测试结果

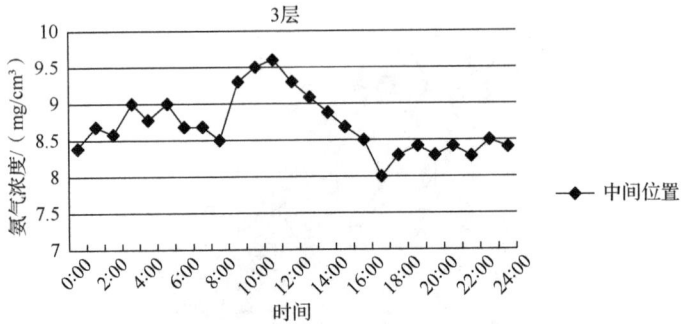

图 4-9　氨气测试结果

③ 测试结果：不同位置的二氧化碳浓度存在差异；氨气浓度范围在 $8.5\sim$ $9.5mg/cm^3$，符合国家标准；硫化氢浓度变化不大，稳定在 $0.5\sim0.6mg/cm^3$，符合国家标准。

2）应用效果

本技术提供了环境气体污染物快速检测标准化技术方法和操作流程，为摸清主要气体污染物排放、迁移及转化特征和规律提供技术支撑，为养殖场规划选址、圈舍布局及污染物减量和减排提供科学依据。

作者研发出广谱实用的养殖场环境气体污染物快速检测装备，在我国养殖优势产区商业型养殖场进行实地应用，实现了养殖场环境信息的长期稳定获取，为实现养殖场健康环境调控提供了经济有效的检测技术。

本技术保障养殖企业在环境控制方面实现节支增收，为政府对养殖场环境进行长效监管提供技术支撑，有效降低监管、执法等行政管理支出，减少养殖场与周边人群在环境问题上的纠纷，间接社会效益提升显著，从而保障了养殖企业和行业的健康快速发展。

5. 应用范围

本技术适用于各类规模养殖场污染气体在线连续检测，以及农业气体检测、沼气分析和沼气安全监控及环保应急事故等方面的监测。

# 4.2 基于近红外光谱的粪污氮、磷含量现场速检技术和设备

1. 技术背景

氮、磷是集约化奶牛养殖场粪污科学还田的重要考量指标，而快速、准确检测粪污中的氮、磷含量是现阶段奶牛养殖场在种养结合道路上亟须破解的难题（赵

润等，2019）。相比于欧美发达国家，国内集约化奶牛养殖场粪污转运处理过程复杂多变，链条长且循环往复，实验室常规化学检测方法难以满足现实需求（李梦婷等，2020）。作者针对国内缺少奶牛养殖场粪污中氮、磷含量现场快速检测技术和设备的问题，基于近红外光谱技术和化学计量学分析方法，创建了时空尺度奶牛养殖场粪污氮、磷含量速测通用模型，创制了奶牛养殖场粪污还田位点氮、磷含量现场速检专用样机，突破现场检测时效性差、准确度低、稳定性弱等技术瓶颈，为粪污科学还田提供技术支撑。整套技术和设备应用于天津市集约化奶牛养殖场粪污中总氮、总磷含量的现场快速检测和分析。

2. 主要技术成果

1）主要内容

本技术成果主要包括两个方面的内容：一是创建了奶牛养殖场粪污中氮、磷含量速测通用模型；二是创制了奶牛养殖场粪污氮、磷含量现场速检专用样机。具体内容如下。

（1）创建了奶牛养殖场粪污中氮、磷含量速测通用模型。

利用 2018~2020 年在天津市 6 个奶业主产区共 33 家集约化奶牛养殖场粪污流经全程位点采集到的 472 个粪污、沼液等液态样品，检测氮、磷含量并扫描近红外漫反射光谱信息，建立适合粪污氮、磷快速定量分析的偏最小二乘法（partial least squares，PLS）通用模型，实现对未知粪污样品中的总氮、总磷含量的快速准确检测。472 个粪污样品在 4000~12 000cm$^{-1}$ 范围内呈现的原始近红外漫反射光谱如图 4-10 所示。

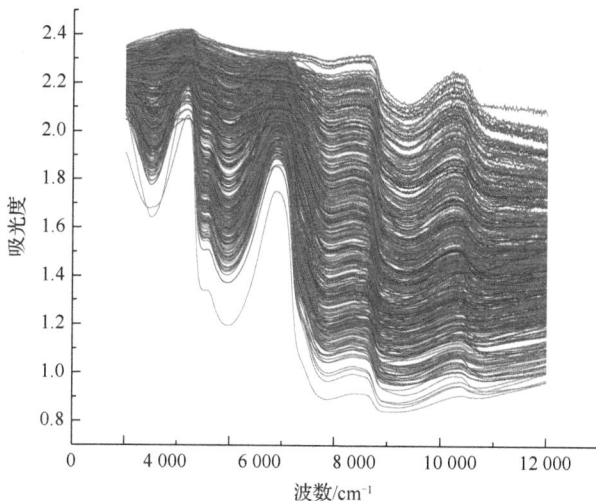

图 4-10　472 个粪污样品在 4000~12 000cm$^{-1}$ 范围内呈现的原始近红外漫反射光谱

图 4-11（a）为建立的总氮校正模型对预测集 146 个未知样品的预测结果，虚线为 1：1 线，实线为预测值 $C_{pp}$ 与实测值 $C_{p0}$ 的线性拟合线，拟合关系为 $C_{pp}=259.78+0.83C_{p0}$，相关系数 $R_p$、预测均方根误差（root mean squared error of prediction，RMSEP）和相对分析误差（residual predictive deviation，RPD）分别为 0.92、426.14mg/L 和 2.73。图 4-11（b）为建立的总磷校正模型对预测集 144 个未知样品的预测结果，虚线为 1：1 线，实线为预测值 $C_{pp}$ 与实测值 $C_{p0}$ 的线性拟合线，拟合关系为 $C_{pp}=10.48+0.85C_{p0}$，相关系数 $R_p$、RMSEP 和 RPD 分别为 0.91、16.65mg/L 和 2.63。从上述近红外光谱定量分析模型性能的 3 个评判指标（$R_p$、RMSEP 和 RPD）来看，基于近红外光谱定量分析不同奶牛养殖场粪污处理全程位点氮、磷含量的快速检测结果理想，可应用于现场快速检测（赵润等，2019）。

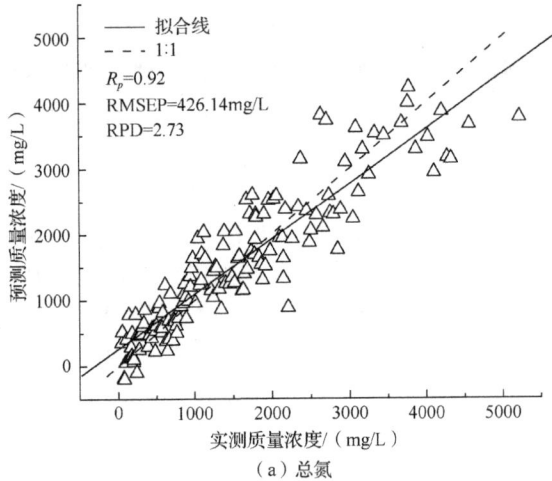

（a）总氮

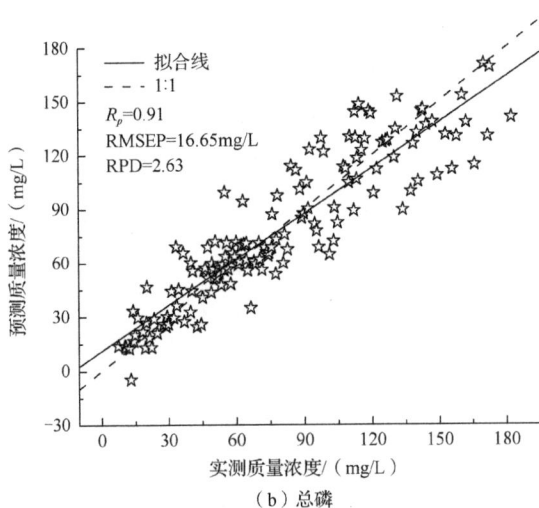

（b）总磷

图 4-11　粪水通用模型预测值和实测值拟合结果

利用 2018～2020 年在天津市 6 个奶业主产区共 33 家集约化奶牛养殖场粪污处理全程位点采集到的 249 个粪污、堆肥、卧床垫料等固态样品，检测氮、磷含量并扫描近红外漫反射光谱信息，建立适合粪污氮、磷快速定量分析的 PLS 通用模型，实现对未知粪便样品中的总氮、总磷含量的快速准确检测。249 个固态样品在 4000～12 000cm$^{-1}$ 范围内呈现的原始近红外漫反射光谱如图 4-12 所示。

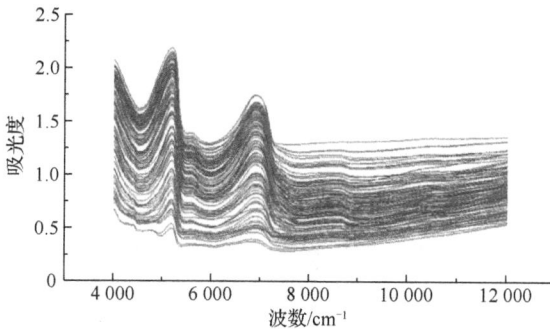

图 4-12　249 个固态样品在 4000～12 000cm$^{-1}$ 范围内呈现的原始近红外漫反射光谱

图 4-13（a）为建立的总氮校正模型对预测集 75 个未知样品的预测结果，虚线 1∶1 线，实线为预测值 $C_{pp}$ 与实测值 $C_{p0}$ 的线性拟合线，拟合关系为 $C_{pp}=0.05+0.93C_{p0}$，相关系数 $R_p$、RMSEP 和 RPD 分别为 0.99、0.75%和 5.98。图 4-13（b）为建立的总磷校正模型对预测集 72 个未知样品的预测结果，虚线为 1∶1 线，实线为预测值 $C_{pp}$ 与实测值 $C_{p0}$ 的线性拟合线，拟合关系为 $C_{pp}=0.04+0.91C_{p0}$，相关系数 $R_p$、RMSEP 和 RPD 分别为 0.95、0.07%和 3.18。从上述近红外光谱定量分析模型性能的 3 个评判指标（$R_p$、RMSEP 和 RPD）来看，基于近红外光谱定量分析不同奶牛场粪便处理全程位点氮、磷含量的快速检测结果理想，可应用于现场快速检测。

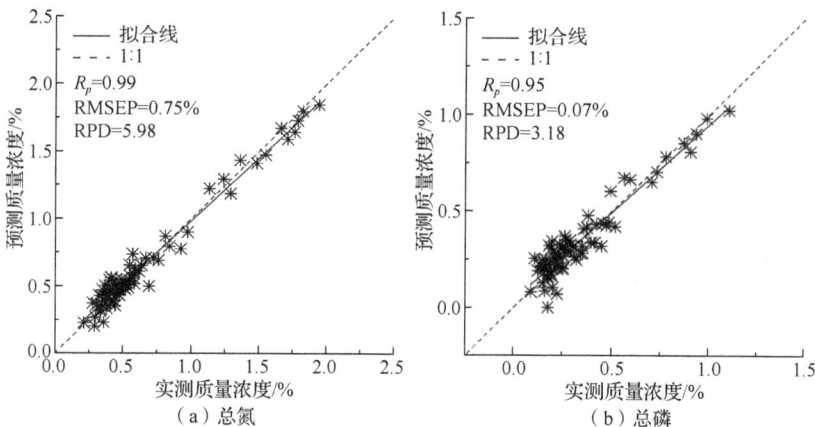

图 4-13　粪便通用模型预测值和实测值拟合结果

（2）创制了奶牛养殖场粪污氮、磷含量现场速检专用样机。

奶牛养殖场粪污氮、磷速检专用样机采用一体式便携设备设计理念，一箱实现光源发生、光谱采集、样品定角度旋转、采集器恒温控制、计算机数据分析、监视器现场展示、数据实时上传等功能，满足了现场快速检测的需求。速检设备样机设计图如图 4-14 所示。

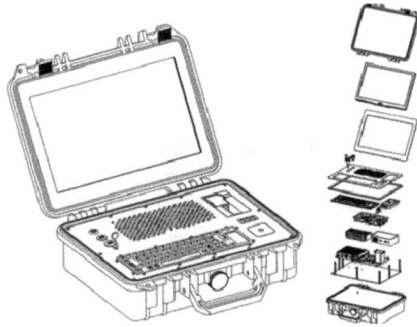

图 4-14　速检设备样机设计图

采用精密光学转台，实现样品池的多角度光谱信息采集，将积分球固定于中空电动转台底部。在串口驱动器的驱动下，样品池在转台孔中均匀定角度旋转，对同一个样品实现多角度的光谱信息采集，避免粪污样品不均匀对检测结果的影响，通过算法对多角度结果进行补偿预测。样品池旋转结构如图 4-15 所示。

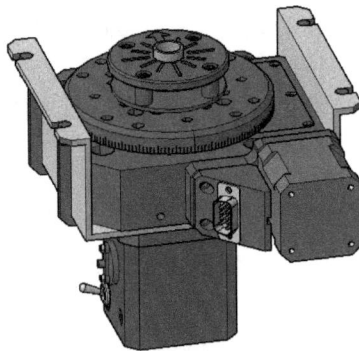

图 4-15　样品池旋转结构

为避免检测元件在不同温度下对检测结果的影响，可降低温度补偿处理难度，先在集成设备内将主要检测元件单独布置在恒温室中，通过电子制冷片和热风泵对恒温室进行制冷和加热，再由温湿度传感器和工控计算机对空调设备通过串口继电器进行控制，维持检测器在 5℃ 的波动范围内对样品进行检测，有效降低检测导致的误差，如图 4-16 所示。

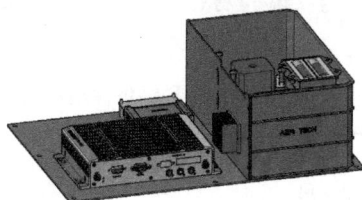

图 4-16　独立恒温室温控结构

2）主要技术参数与竞争优势

奶牛养殖场粪污氮、磷现场速检专用样机如图 4-17 所示，核心组件主要包括
3 个模块：光谱采集系统、样品杯旋转系统和温控系统。其中，光谱采集系统是
通过内置光源、积分球及信号传输光纤采集粪污样品光谱；样品杯旋转系统可以
实现 360°无死角辅助光谱采集系统采集样品光谱信息，实现单位时间内最大化采集
奶牛养殖场粪污样品信息；温控系统可在样品光谱信息采集时对微环境温度进行智
能调控，保障光谱信号稳定传输和模型预测性能。主要技术参数如表 4-4 所示。

图 4-17　奶牛养殖场粪污氮、磷现场速检专用样机

表 4-4　主要技术参数

| 模块系统 | 主要部件 | 技术参数 |
|---|---|---|
| 光谱采集系统 | 内置光源、积分球、光纤 | 配置 HL-2000 卤钨光源，InGaAs 检测器，ISP-REF 积分球和光谱信号传输光纤。光谱扫描范围 11 147～5842cm$^{-1}$（900～1700nm），信噪比 15 000：1，光谱分辨率 3.0nm |
| 样品杯旋转系统 | 光学中空电动转台 | 传动比：90：1；驱动机构：涡轮；分辨率：0.001°=3.6"（20 细分）；偏心：5μ；平行度：80μ；$V_{max}$：50°/s；绝对定位精度：0.01°=36" |
| | 数字信息驱动器 | Modbus 协议，配合 PC 软件，实现步进电机的转速、方向、行进距离的控制和反馈，检测转速、方向、当前距离、当前位置、限位开关等信息 |
| 温控系统 | 温湿度变送器 | 分辨率：0.01℃/0.04%RH；精度误差：0.3；重复性：0.1；非线性：<0.1；长时间漂移：<0.04 |

3）技术进步分析

目前未见面向奶牛养殖场粪污氮、磷含量现场检测的市售产品及可支撑的研究模型。将自主研制的样机与实验室标准仪器的技术方法和经济性指标进行对比，结果如表 4-5 所示。

**表 4-5　技术方法和经济性指标对比**

| 对比项目 | 实验室全自动定氮仪 | 实验室近红外光谱仪 | 现场快检样机 |
|---|---|---|---|
| 现场检测 | 无法实现 | 无法实现 | 可实现 |
| 预处理 | 加酸、滴定、稀释、过滤等 | 无须预处理，过滤效果稍好 | 无须预处理 |
| 检测指标 | 单独测定 | 多指标同时测定 | 多指标同时测定 |
| 检测速度 | 4～5d/样 | 3min 至 15h/样 | <3min/样 |
| 检出限/（mg/L） | 0.1（氮）<br>0.01（磷） | 0.01 | 0.01 |
| 准确度 | — | $R>0.90$，$\delta<8\%$ | $R>0.90$，$\delta<10\%$ |
| 检测成本/（元/样） | 80～100 | 20～40 | 3～5 |
| 仪器成本/万元 | 28～40 | 40～60 | 8～12 |

注：$R$ 代表模型预测值和实测值之间的拟合度；$\delta$ 代表平均相对误差。

　　奶牛养殖场粪污氮、磷含量现场速检专用样机（"便携式手提箱"，AEPI NIR Portable-1）于 2021 年 5 月 24 日通过第三方机构天津市计量监督检测科学研究院测试，指标覆盖便携性、检测精准度、重复性和响应时间等方面的测试结果完全满足现场快速检测的需求。

　　3. 创新点

　　（1）针对实验室化学检测方法时效性低的问题，创建了奶牛养殖场粪污运移全程多位点氮、磷含量多元校正通用模型，该模型预测值与实测值相关系数>0.90。在天津市 6 个奶业主产区共 33 家集约化奶牛养殖场进行应用，检测时长是传统实验室化学测定方法的 1/6，平均相对误差<8%；首次制定并颁布了近红外漫反射光谱法快速测定奶牛养殖场粪水中氮、磷含量的天津市地方标准（赵润等，2019）。

　　（2）针对缺少本土化现场快速检测设备的问题，创制了奶牛养殖场粪污氮、磷含量现场速检专用样机，检测耗时<3min/样，误差<10%。与《国标法》相比，检测用时缩短 80%，氮、磷可同时检测，全过程无须加酸、滴定、稀释、过滤等预处理；与国内外采用光度法、电极法或滴定法的快速检测设备相比，成本降低60%以上，满足了奶牛养殖场粪水还田养分现场快速测定分析的迫切需求。

　　4. 技术成果应用范例与应用效果

　　示范奶牛养殖场：天津富优农业科技有限公司。

　　示范地点：天津市滨海新区太平镇大道口村村民委员会西 600m 处。

　　示范点概况：该公司于 2015 年建立，至今正常运转，奶牛养殖场占地面积为800 亩，配套农田 11 000 亩，其中 6700 亩农田种植冬小麦和夏玉米，另外 4300

亩农田种植苜蓿；常年养殖澳洲进口的荷斯坦奶牛，年存栏量为 1831 头，其中成母牛为 1337 头，后备牛为 494 头，均采用卧床式养殖方式，对犊牛采用独立犊牛岛养殖；对成母牛和育成牛均采用双刮板干清粪方式收集舍区粪污，分别收运至舍外集污池后进行固液筛分。成母牛粪便通过集装箱式反应器好氧发酵后回用于卧床垫料，育成牛粪便定期直接用于还田施肥。筛分后的污水经混合后泵送至调节池匀浆调质，然后经全混式沼气工程厌氧消化后存放于贮存池中，备用于农田施肥。天津富优农业科技有限公司奶牛养殖场内景如图 4-18 所示。

图 4-18　天津富优农业科技有限公司奶牛养殖场内景

　　示范情况：自 2020 年 10 月起，定期应用研发的便携式现场速检样机在该奶牛养殖场采集不同位点（集污池、调节池、二沉池、氧化塘等）中的粪污样品的现场近红外漫反射光谱（图 4-19），并对各位点设施中的粪污氮、磷含量进行预测分析。

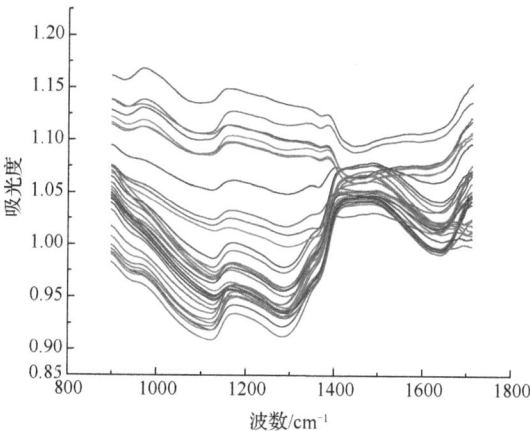

图 4-19　速检样机采集的粪污样品光谱

检测结果:如图 4-20 所示,5 个位点粪污样品氮、磷含量现场预测结果分布在实线上,实验室标准方法测定值分布在虚线上,预测值与实测值相吻合,变化趋势基本一致,粪污中总氮和总磷的平均相对误差分别为 8.97%和 2.99%,均在可接受范围内。

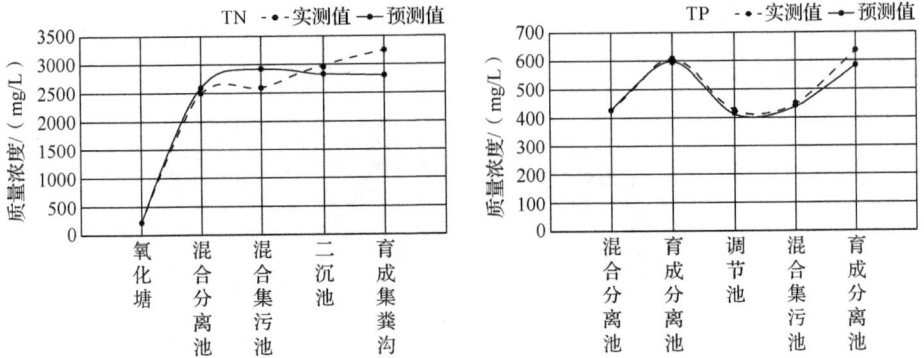

图 4-20　现场预测值与实测值结果对比图

**5. 应用范围**

本技术应用于天津市 33 家集约化奶牛养殖场的粪污运移各环节位点氮、磷含量的现场快速检测。

# 4.3　集约化养殖场粪污重金属现场快速检测技术和设备

**1. 技术背景**

目前对于畜禽养殖重金属污染物的检测,主要使用大型仪器并依赖实验室条件,现场检测技术及仪器应用较少,虽然国内外研发出重金属相关现场检测仪器,但检测量程范围及指标种类均无法完全满足畜禽养殖粪污检测的实际需求,尚没有针对畜禽养殖粪污重金属现场检测的专用仪器(郑床木等,2018;Chen et al.,2017)。为解决养殖场现有检测设备时效性差、准确度低、稳定性弱及使用寿命短等问题,作者基于超声耦合电化学污水消解关键技术(Li et al.,2021a)和多点特征吸收光谱检测技术,构建适合我国集约化养殖场粪污重金属现场快速检测技术体系,为养殖场粪污的安全利用提供有效检测手段,为集约化养殖粪污污染防治提供技术支撑。

## 2. 主要技术成果

### 1) 主要内容

本技术成果主要包括 3 个方面：一是研发了超声耦合电化学污水消解关键技术；二是研发了多点特征吸收光谱检测技术；三是形成养殖场粪污重金属现场快速检测设备样机。

（1）研发了超声耦合电化学污水消解关键技术。

超声耦合电化学污水消解技术原理及实验样机如图 4-21 所示。通过设置阳极消解池、参比电极、超声波振子和工作电极，保证在消解过程中超声效应和电化学消解协同作用，从而提升消解效果。消解装置由两个反应池组成，反应池通过氯化钠（NaCl）盐桥连接，盐桥溶液的成分为 20%（质量/体积）氯化钠和 2%（质量/体积）琼脂。将上述溶液加热至沸腾，注入连接部分并冷却，形成凝胶状态。采用经典的三电极系统实现电化学氧化功能。工作电极和辅助电极采用（Ru-Ir）@Ti 惰性金属材料，参比电极采用 Ag-AgCl 电极。在电势差作用下，氯化钠盐桥内的 $Cl^-$ 向阳极消解装置移动，$Na^+$ 向阴极反应装置移动，在分隔阳极消解装置和阴极反应装置内溶液的同时，形成电流回路，并且补充消解过程中消耗的 $Cl^-$。上述反应可以使用式（4-1）～式（4-4）进行表示。消解过程中会生成具有强氧化性的羟基自由基和含氯氧化物。此外，超声振子能够产生超声波，超声波在溶液中传播时会在局部区域内形成高温、高压，并产生激波，从而破碎大颗粒固体，加速氧化还原反应，提升消解效果。

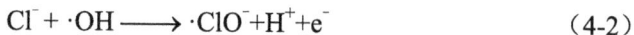

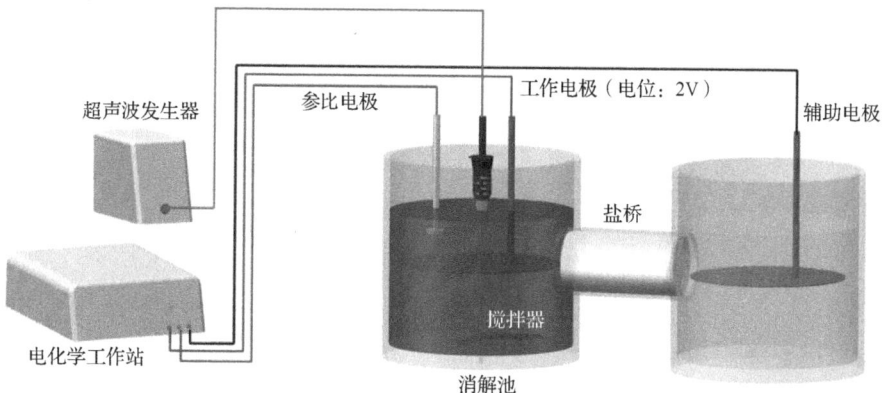

$$(Ru\text{-}Ir)@Ti + H_2O \longrightarrow (Ru\text{-}Ir)@Ti(\cdot OH) + H^+ + e^- \tag{4-1}$$

$$Cl^- + \cdot OH \longrightarrow \cdot ClO^- + H^+ + e^- \tag{4-2}$$

$$2Cl^- \longrightarrow Cl_2 + 2e^- \tag{4-3}$$

$$Cl_2 + 2H_2O \longrightarrow HClO/ClO^- + Cl^- + H^+/2H^+ \tag{4-4}$$

图 4-21　超声耦合电化学污水消解技术原理及实验样机

为检测超声耦合电化学消解技术对粪污样品中铜和锌的消解效率，可采用密闭容器微波消解王水法作为对照消解方法。密闭容器微波消解王水法和超声耦合电化学消解技术均需要在上机检测离子浓度之前滤除未溶解固体（0.22μm 滤膜，默克密理博）。使用 AA-7000 原子吸收分光光度计（日本岛津株式会社）检测铜和锌的离子浓度。消解效率计算公式为

$$DE= C_{UAEO}/C_{AD}×100\% \qquad (4-5)$$

式中，$C_{UAEO}$ 为超声耦合电化学消解技术处理后的离子浓度；$C_{AD}$ 为密闭容器微波消解王水法处理后的离子浓度。

不同实验条件下的铜、锌消解效率变化规律如图 4-22 所示。从图 4-22（a）中可以看出，铜、锌两种典型（高丰度）粪污重金属元素消解效率随着消解时间增加而逐步提高，并在 45min 后趋于稳定，因此最佳消解时长为 45min。从图 4-22（b）中可以看出，超声介入能够显著提升消解效率，并且具有明显的热效应，400W以上的超声功率消解 45min 后能够实现较为完全的消解作用（消解效率>90%），并且消解池内溶液温度保持在 60～70℃。从图 4-22（c）中可以看出，氯化钠浓度通过影响工作电流进行影响电极表面电子受体浓度从而限制消解效率。实验结果表明，保证消解池中维持 10g/L 以上的氯化钠浓度即可产生充分的电子受体，使粪水中的纤维素、木质素、蛋白质等有机组分和络合物充分氧化，释放金属离子。

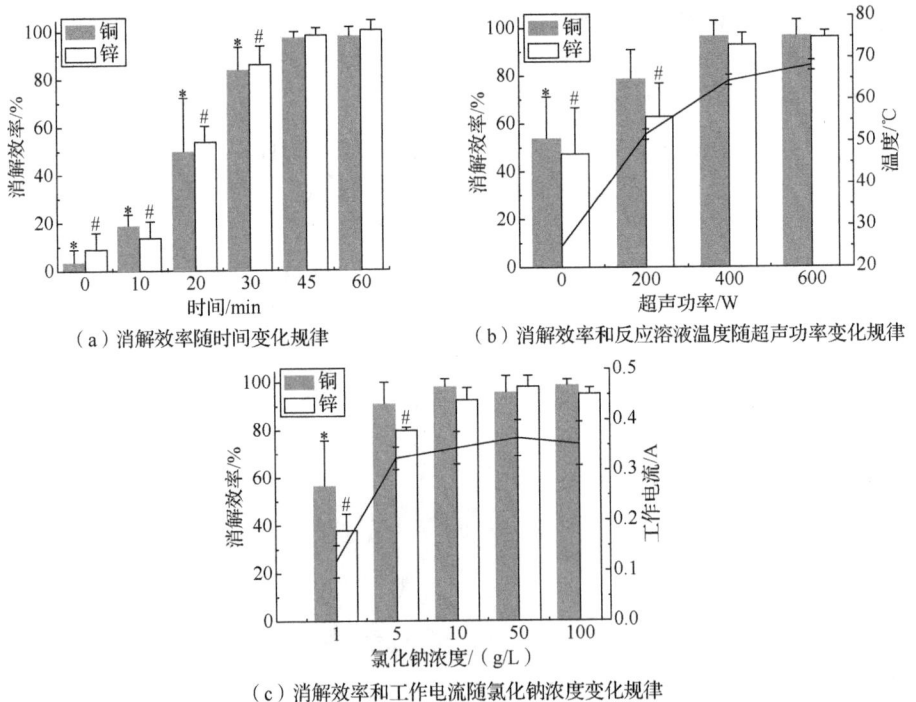

（a）消解效率随时间变化规律　　　　　（b）消解效率和反应溶液温度随超声功率变化规律

（c）消解效率和工作电流随氯化钠浓度变化规律

图 4-22　不同实验条件下的铜、锌消解效率变化规律

综上所述,10g/L 的氯化钠消解液浓度,400W 超声波发生功率条件下消解 45min 可以对粪水中的典型重金属离子实现有效消解,其中铜离子消解效率为（96.8± 2.6）%,锌离子消解效率为（98.5±2.9）%。

采用消解加标效率实验验证超声耦合电化学消解技术对微量毒理重金属元素的消解效果。实验前制备含标准物质的粪污样品。将 10.0g 粪污样品与 10mL 多元素标准溶液（西格玛阿德里奇）准确混合,在 HNYC-203T 恒温振动台（欧诺仪器有限公司）中振动 6h,形成加标样品的非离子状态（如配位化合物）。

采用 Thermo 7400 ICP-OES（赛默飞世尔科技有限公司）对 10 种目标重金属元素（锌、铜、铬、镉、铅、钡、钴、镍、铋、银）的浓度进行检测。各元素的加标消解效率计算公式为

$$SDR= (C_1-C_0)/C_{std}\times100\% \tag{4-6}$$

式中,$C_1$ 为加标样品消解处理后的元素浓度;$C_0$ 为未加标样品消解处理后元素浓度;$C_{std}$ 为加标试剂在消解体系中的理论终浓度。

10 种重金属元素的加标消解效率实验结果如图 4-23 所示。从实验结果中可以看出,在摇床振荡器中反应 6h 后,只有少量金属离子仍处于游离态,80%以上的金属离子与粪污样品充分反应并形成难以被直接检测到的元素形态。使用超声耦合电化学消解技术处理 20min 以后,10 种金属元素的加标消解效率基本提升至 70%~80%;在消解处理 45min 以后,加标消解效率进一步提升至 90%以上。这证明超声耦合电化学消解技术能够对多种重金属元素实现有效消解。

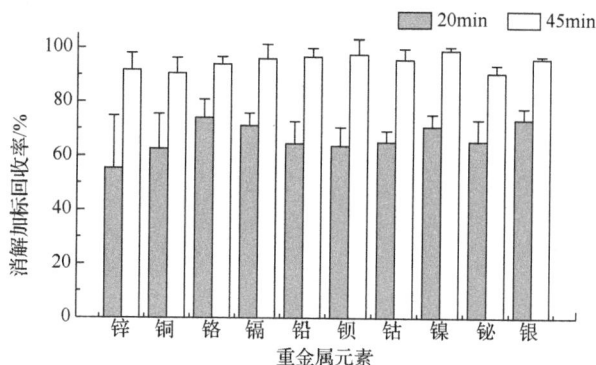

图 4-23　10 种重金属元素的加标消解效率实验结果

（2）研发了多点特征吸收光谱检测技术。

比尔-朗伯定律[$A$=lg（1/$T$）=Kbc]中描述了物质对某一波长的光的吸收强弱与吸光物质的浓度及其液层厚度之间的关系。化学显色吸收光谱检测平台包括光源、整形光路、光电传感器等组件。光源为实现多种重金属参数的广谱检测的能量源,采用白光 LED（light emitting diode,发光二极管）作为能量源,采用红、

绿、蓝 3 种 LED 芯片组合发光得到白光；整形光路采用凹面平场全息光栅和光纤狭缝实现同步分光；光电传感器则使用线阵电荷耦合器件（charge coupled device，CCD）实现多通道同步接收。

微光谱数据采集系统主要由 3 个部分构成：光谱仪驱动固定座、比色皿固定座、LED 恒流电路模块。微光谱数据采集系统实物结构如图 4-24 所示。

图 4-24　微光谱数据采集系统实物结构

其中，光谱仪驱动固定座用于固定微型光谱仪的位置，使入射光的角度不变；比色皿固定座连接着光谱仪驱动固定座和 LED 固定座，用于固定比色皿，并保证每次检测不同溶液时比色皿都位于相同的位置；LED 固定座用于固定 LED 恒流电路模块，使其发光强度与光源位置固定不变。

建立铜、锌、镉、铬、汞 5 种养殖场粪污中典型重金属元素的多点特征吸收光谱检测技术。创新地使用补偿型光谱法和比率型光谱法实现对镉和汞两种元素的痕量检测。用比率型光谱法检测汞离子的原理如图 4-25 所示。以碱性蓝为显色剂，以碘离子为配位体，当 $Hg^{2+}$ 存在时，吸光度在 575nm 处升高，在 439nm 处降低，形成的蓝色缔合物占用了原显色剂的部分位点，从而提高了比率型检测的灵敏度。

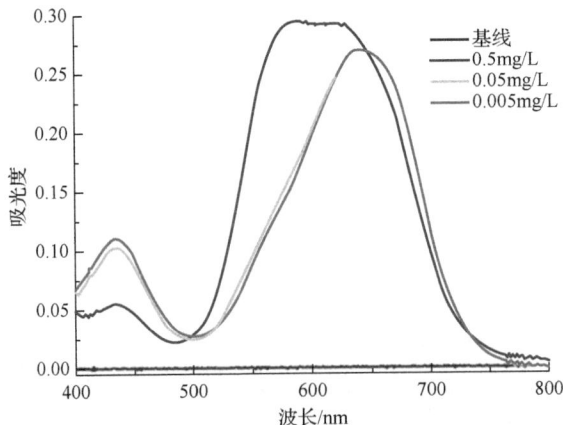

图 4-25　用比率型光谱法检测汞离子的原理

（3）形成养殖场粪污重金属现场快速检测设备样机。

粪污样品在超声耦合电化学消解作用下，颗粒固体溶解，有机物降解，重金属元素溶出。将消解后的溶液与显色剂发生反应进行化学显色，并通过吸光度插值自动计算重金属离子浓度。试制的养殖场粪污重金属现场快速检测设备样机（图 4-26）便于携行（尺寸≤550mm×400mm×850mm，重量≤32kg），处理速度快（消解处理耗时≤45min；元素检测耗时≤15min/项），具有现场快速检测功能。

图 4-26　养殖场粪污重金属现场快速检测设备样机

2）技术进步分析

经查阅国内外现有相关文献、专利、标准等公开知识产权资料，未见与本技术成果相关的内容。本技术中的超声耦合电化学消解技术能够在安全环境下（无酸、无高压、无高温）快速完成奶牛养殖场粪污样品的消解前处理。本技术的创立是实现粪污重金属检测的关键步骤，与传统消解技术的对比如表 4-6 所示。

表 4-6　超声耦合电化学消解技术与传统消解技术的对比

| 对比项目 | 超声耦合电化学消解技术 | 强酸微波消解法 | 强酸石墨炉加热法 |
| --- | --- | --- | --- |
| 氧化剂来源 | 电解氯化钠产生高浓度次氯酸 | 添加浓硝酸、高氯酸、氢氟酸等强酸 | 添加浓硝酸、高氯酸、氢氟酸等强酸 |
| 催化方式 | 超声波（固体絮化、升温、产生过氧化氢） | 高功率微波设备 | 石墨炉加热 |
| 检测速度 | ≤60min/样 | 约 2h | 约 2h |
| 加标回收率 | ≥90% | — | — |
| 检测条件 | 采用 220V 交流供电即可 | 需要多种危险品试剂、通风橱、化学定量器具、大功率供电改造等 | 需要多种危险品试剂、通风橱、化学定量器具，220V 供电 |
| 操作难度 | 一般实验人员经简单培训即可使用，实验过程安全 | 需要具有化学分析学习经验的实验者操作 | 需要长期从事化学分析实验的实验师操作，实验操作流程复杂 |

委托天津市理化分析中心对样机检测性能进行评价。采集 6 份奶牛养殖场粪

污样品送检，在粪污样品经不锈钢筛网（60目）过滤后，先使用养殖场粪污重金属检测仪中的消解功能模块进行消解前处理，再使用重金属含量分析模块测定其中铜、锌、镉、铬4种元素的含量。其中，样品中铜元素平均回收率为89.13%～105.33%，锌元素平均回收率为93.05%～106.65%，镉元素平均回收率为96.23%～106.33%，铬元素平均回收率为94.83%～101.96%。该机构认定养殖场粪污重金属检测仪具有操作简单、稳定性高、省时高效的特点，回收率与精准度能够满足实际检测需求，在现场快速检测领域具有优势。

3. 创新点

超声耦合电化学消解技术突破传统消解技术难以在现场开展的技术瓶颈，在保证消解效率的前提下发挥快速、便捷的优势，其操作步骤简单、试剂友好。多点特征吸收光谱检测技术在传统化学显色分光光度法的基础上，通过多元光谱信息的采集分析，提升检测方法的灵敏度。以上述技术作为基础研发的养殖场粪污重金属现场检测设备样机具有现场、快速、相对准确的检测优势，能够满足养殖场粪污的现场检测需求，为养殖场粪污的安全利用提供有效检测手段，为集约化养殖场粪污防治提供技术支撑。

4. 技术成果应用范例与应用效果

2021年5月24～28日，在天津市附近的3家奶牛养殖场（JLH-7、TLY和SC）完成样机的典型示范工作（图4-27和图4-28）。作者借助养殖场粪污重金属现场快速检测设备样机在场内第一时间采集粪污样品并完成重金属元素丰度分析，发现样品检测用时短（消解时间为45min/样，检测时间为15min/项），分析结果与标准方法检测结果相比具有较好的一致性，能够实现奶牛养殖场粪污中重金属的现场快速检测。

图4-27　污水消解过程　　　　　　　　图4-28　化学显色结果

5. 应用范围

本技术应用于天津市集约化奶牛养殖场粪污运移各环节位点的重金属含量的现场快速检测。

## 4.4　集约化养殖场粪污微生物现场快速检测技术和设备

1. 技术背景

近年来，随着中国大规模养殖场数量的快速增加，大量畜禽养殖粪污被排放到附近的农业环境中，畜禽养殖粪污中包含 150 余种人畜共患病潜在致病源，粪污平均每毫升可含 33 万个大肠杆菌和 66 万个肠球菌，可引发人畜共患病传播（乔书玲，2019；李红，2020）。我国对畜禽养殖场引起的环境污染问题高度重视，但是由于缺乏粪污的现场检测手段，无法在第一时间评估粪污样品中微生物的污染风险。为此，作者基于酶底物检测技术、微环境温度控制系统及机器视觉技术，试制了包括微生物现场检测箱、培养箱和可视化判读仪在内的指示微生物现场检测系列设备。该设备适用于集约化养殖场（生猪、奶牛、蛋鸡）养殖粪污中指示微生物（总大肠菌群、大肠埃希氏菌和粪大肠菌）含量的现场检测。

2. 主要技术成果

1）主要内容

本技术成果主要包含两个方面的内容，分别为酶底物检测技术分析优化和基于机器视觉的微生物自动判读仪研制。

（1）酶底物检测技术分析优化。

酶底物检测技术的基本原理如图 4-29 所示。指示微生物能够产生特定的酶并分解培养基中的色原底物，而色原底物分解产物能够在特定波长下产生荧光，从而达到计数指示微生物的目的。为了定量分析 $\beta$-半乳糖苷酶含量，在培养基底物中加入 ONPG（邻硝基苯 $\beta$-$D$-半乳吡喃糖苷）。$\beta$-半乳糖苷酶能够分解 ONPG，使培养液在自然光下呈黄色荧光，而在 44.5℃ 的生长条件下，只有具有耐热特性的粪大肠菌群能够存活生长，因此利用 44.5℃ 的培养温度能够筛选出大肠菌群中的粪大肠菌群，并利用 97 孔定量盘进行计数定量。另外，大肠埃希氏菌能够在适宜的培养条件下产生 $\beta$-葡萄糖醛酸酶并分解 MUG（4-甲基伞形酮葡糖苷酸），使培养液在紫外线下产生荧光，因此可以使用 365nm 波长光源照射、计数大肠埃希氏菌。

分析底物配方及培养液浓度对荧光强度的影响结果可知，酶底物检测技术检测粪污样品须保证培养时间大于 24h，在显色底物中加入一定比例的酵母粉有助于放大显色荧光结果。酶底物荧光强度随时间变化规律如图 4-30 所示。

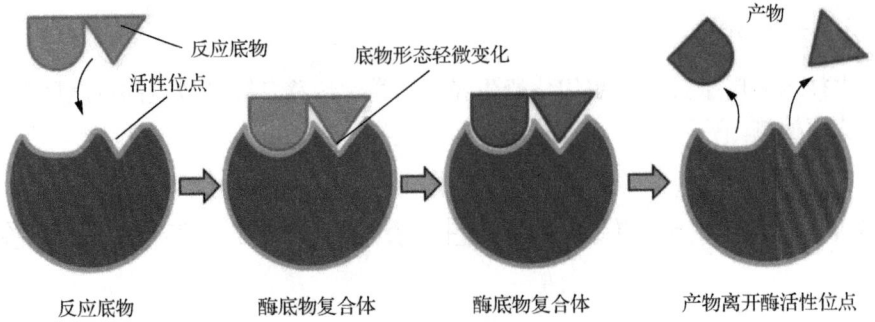

图 4-29　酶底物检测技术的基本原理

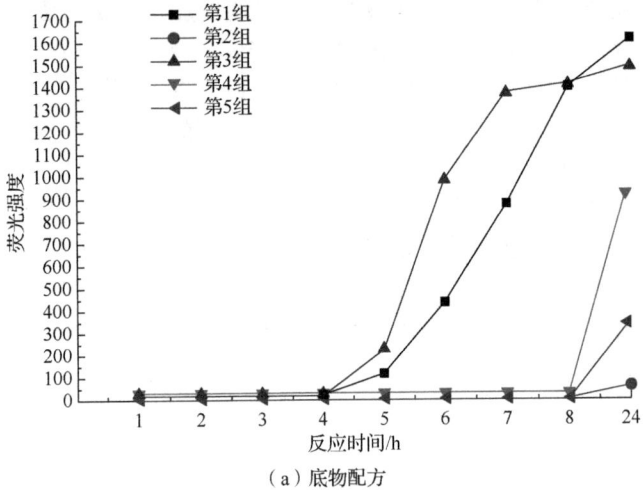

（a）底物配方

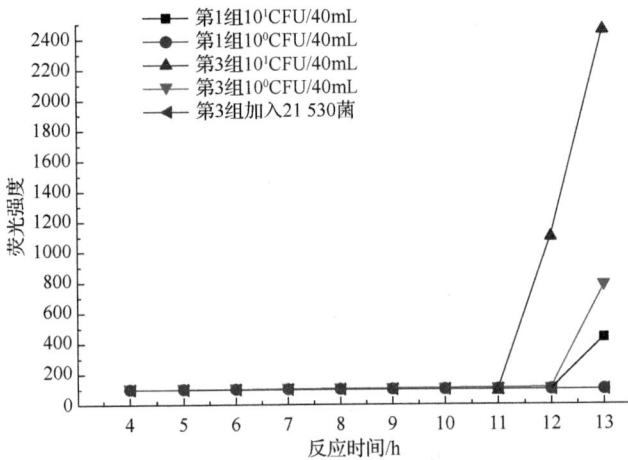

（b）样品培养液浓度

图 4-30　酶底物荧光强度随时间变化规律

（2）基于机器视觉的微生物自动判读仪研制。

采用机器视觉技术、输入/输出（input/output，I/O）控制技术和 App 等技术实现对菌落总数等细菌指标检测结果的快速智能分析。判读仪样机如图 4-31 所示，可视化检测结果如图 4-32 所示。

图 4-31　判读仪样机

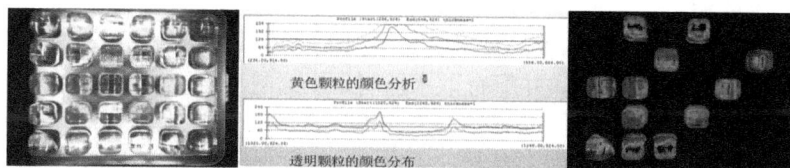

图 4-32　可视化检测结果

采用 LED 光源代替灯管，通过增加滤光片等进行光学改进，起到图像增强作用。相机、电路和显示屏的集成一体化设计，可根据需要进行不同样式设计，包括翻盖式和抽屉式两种样式。使用脉冲宽度调制（pulse width modulation，PWM）方式调制电流电路，控制紫外线灯的亮暗，可以保证每个紫外线灯的亮度和电流强度一致。

2）主要技术参数与竞争优势

利用指示微生物现场检测系列设备可以实现对粪污样品中总大肠菌群、大肠埃希氏菌和粪大肠菌的定量检测，检测灵敏度可达到 1CFU/100mL，检测时间/样品≤30min，培养时间为 24h。以下针对各功能设备描述具体性能参数。

（1）培养箱。

培养箱性能参数如表 4-7 所示。培养箱采用手提式设计方案，在 15℃以上户外温度条件下，可在 20min 内达到酶底物检测技术培养所需温度，自持时间可达10h 以上，满足了现场检测要求。

表 4-7　培养箱性能参数

| 指标 | 参数值 |
|---|---|
| 尺寸（长×宽×高） | ≤380mm×360mm×80mm |
| 重量 | ≤1kg |
| 设计结构 | 拉链式结构 |
| 温度误差 | ≤±0.5℃ |
| 自持时间 | ≥10h（环境温度>15℃） |
| 37℃升温时间 | ≤20min（环境温度>15℃） |

采用倾注法对不同浓度的金黄色葡萄球菌和大肠杆菌进行计数，其在智能折叠式培养箱和普通实验室培养箱的中计数结果经统计学分析未见明显差异（表4-8）。

表4-8　不同培养箱菌落计数结果

| 细菌种类 | 细菌浓度 | 智能培养箱/（CFU/mL） | 普通培养箱/（CFU/mL） |
|---|---|---|---|
| 金黄色葡萄球菌 | 浓度1 | 25±2.8 | 24±1.4 |
| | 浓度2 | 164.5±9.2 | 165.5±4.9 |
| 大肠杆菌 | 浓度1 | 21±4.2 | 21.5±2.1 |
| | 浓度2 | 179.5±3.5 | 182±12.7 |

（2）检测箱。

检测箱性能参数如表4-9所示。检测箱内配有可供10份样品检测所需的试剂耗材（培养基、定量盘等），并配有取水器材、平面封口仪及大肠埃希氏菌检测所需的紫外光源。

表4-9　检测箱性能参数

| 指标 | 性能参数 |
|---|---|
| 尺寸（长×宽×高） | ≤380mm×360mm×80mm |
| 重量 | ≤5kg |
| 反应试剂 | MMO-MUG（minimal medium onpg-MUG）培养基10份 |
| 定量盘 | 标准97孔定量盘10个 |
| 紫外光源 | 中心波长为365nm的紫外线便携式光源1支 |
| 平面封口仪 | 1支；尺寸为158mm×78mm×39mm；重量为0.4kg；预热时间≤5min |
| 无菌量取水样器材 | 小型天平1台；折叠杯1个；无菌采样袋10个；塑料滴管若干 |

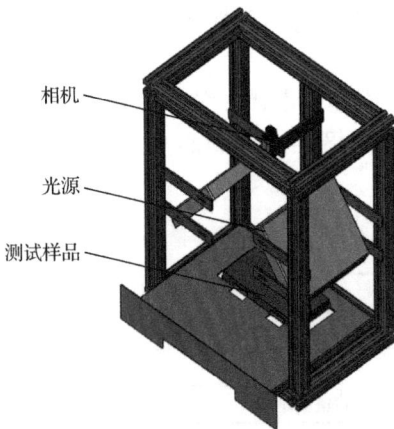

相机

光源

测试样品

图4-33　可视化判读仪设计原理

（3）可视化判读仪。

可视化判读仪设计原理如图4-33所示，设备外尺寸≤280mm×420mm×350mm，重量≤8kg。可视化判读仪采用白光和紫外线双色光源，使用CCD相机对拍摄图像进行拍照；使用图像识别算法对拍摄位图数据三原色（red green blue，RGB）值进行算法判读，并利用内嵌最大可能数计算方法对计数结果进行定量分析，得到样品中指示微生物浓度的数值。

光斑匀化后的可视化判读仪拍摄效果如图4-34所示。利用矩阵平滑算法对CCD拍摄位图数据进行优化，进而提升数据处理精准度。

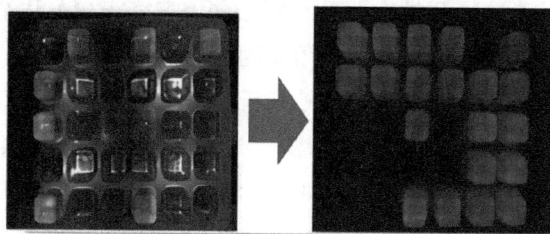

图 4-34　光斑匀化后的可视化判读仪拍摄效果

3）技术进步分析

经查阅国内外现有相关文献、专利、标准等公开知识产权资料，未见与本技术相关的内容。创立粪污样品的现场酶底物检测技术并试制配套设备，解决了目前微生物检测必须依托微生物实验室的难题，该设备能够用于现场粪污样品中指示微生物含量的检测定量，与常规实验室检测技术的对比如表 4-10 所示。

表 4-10　酶底物法与常规实验室检测技术的对比

| 对比项目 | 酶底物法 | 平板计数法 | 多管发酵法 | 滤膜法 |
|---|---|---|---|---|
| 培养基种类 | 粉末营养物 | 煮制培养基 | 煮制培养基 | 煮制培养基 |
| 计数原理 | 最大或然数（most probable number，MPN）计数 | 直接计数 | MPN 计数 | 直接计数 |
| 操作耗时 | ≤30min | 约 1h | 约 2h | 约 1h |
| 单次培养计数区间 | 1～2419.6 | 30～300 | 1～2400（15 管法） | 30～300 |
| 检测条件 | 使用便携式现场检测设备即可 | 微生物学实验室 | 微生物学实验室 | 微生物学实验室 |
| 操作难度 | 一般实验人员经简单培训即可使用 | 需要微生物实验室实验员操作 | 需要微生物实验室实验员操作，实验操作流程复杂 | 需要微生物实验室实验员操作 |

与常规酶底物法使用的试剂、耗材、设备进行比较，成本效益分析表如表 4-11 所示。从中可以看出，指示微生物现场检测设备大幅降低了相近功能设备的造价成本，并且具有便携化、现场化的特点，对于广泛开展养殖场粪污指示微生物的现场检测具有重要价值。

表 4-11　成本效益分析表

| 设备名称 | 原理 | 检测精度/（CFU/100mL） | 设备成本/万元 | 维修成本/万元 | 耗材成本/（元/样品） | 使用年限/年 | 年折旧额/万元 |
|---|---|---|---|---|---|---|---|
| 指示微生物现场检测装备 | 酶底物法 | 1 | 1.2 | 0.2 | 100 | 5 | 0.24 |
| 科立得酶底物检测试剂和设备 | 酶底物法 | 1 | 6 | 1～2 | 300 | 5 | 1.2 |

委托方圆（天津）检测技术服务有限公司（具备 CMA 认证资质）对样机检测性能进行评价。将样品稀释后，使用集约化养殖场粪污微生物现场快速检测设备进行粪大肠菌群、大肠埃希氏菌和沙门氏菌含量检测。粪大肠菌群检测结果相对误差小于 30.57%，大肠埃希氏菌检测结果相对误差小于 43.45%，沙门氏菌检出限小于 10CFU/mL。开发的微生物快速检测箱、智能折叠式培养箱、可视化判读仪等系列设备具有操作简单、稳定性高、省时高效的特点，精准度可满足实际检测需求。

3. 创新点

利用机器视觉和数据分析替代传统酶底物检测过程中的手工计数和统计学运算，简化酶底物检测步骤，降低检测设备的使用难度，便于粪污指示微生物的现场检测。

在传统酶底物法的基础上设计、试制指示微生物现场检测系列设备，解决了目前微生物检测过于依赖微生物实验室的问题，为集约化养殖场粪污污染防治提供设备支撑。

4. 技术成果应用范例与应用效果

1）应用范例

根据天津市畜禽养殖场分布及粪污收集处理方式，选取生猪、奶牛、蛋鸡 3 个畜种各 3 个养殖场作为采样点，参考《粪便无害化卫生要求》（GB 7959—2012）中的相关规定连续 3 个月（2018 年 12 月至 2019 年 2 月）进行粪污样品采集，检测粪污中的指示微生物含量（梁雨等，2019；梁雨等，2020）。

（1）天津市不同种类畜禽养殖粪污中指示微生物的检测。

天津市不同种类畜禽养殖粪污中的指示微生物数量存在较大差异（表 4-12）。未经无害化处理的牛粪中粪大肠菌群的浓度在 $4.73\times10^6\sim3.18\times10^7$MPN/g，而鸡粪中粪大肠菌群的浓度在 $2.28\times10^6\sim5.48\times10^8$MPN/g，粪大肠菌群浓度最高的是猪粪，达到 $1.82\times10^7\sim5.17\times10^9$MPN/g。粪大肠菌群在 3 种粪便中的浓度顺位均为猪粪>鸡粪>牛粪。经非参数检验，3 种不同畜禽养殖粪污的指示微生物浓度之间差异显著。牛场、猪场和鸡场粪污中的总大肠菌群、粪大肠菌群和大肠埃希氏菌 3 项指示微生物间的两两比较差异具有统计学意义（$p<0.05$）。

表 4-12　天津市不同种类畜禽养殖粪污中的指示微生物检测结果

| 养殖场类型 | 总大肠菌群/（MPN/g） | 粪大肠菌群/（MPN/g） | 大肠埃希氏菌/（MPN/g） |
|---|---|---|---|
| 奶牛养殖场 | $4.96 \times 10^6 \sim 5.83 \times 10^7$ | $4.73 \times 10^6 \sim 3.18 \times 10^7$ | $3.09 \times 10^6 \sim 2.23 \times 10^7$ |
| 生猪养殖场 | $2.00 \times 10^7 \sim 6.49 \times 10^9$ | $1.82 \times 10^7 \sim 5.17 \times 10^9$ | $1.00 \times 10^7 \sim 4.35 \times 10^9$ |
| 蛋鸡养殖场 | $3.45 \times 10^6 \sim 6.13 \times 10^8$ | $2.28 \times 10^6 \sim 5.48 \times 10^8$ | $2.00 \times 10^6 \sim 1.73 \times 10^8$ |

（2）牛粪无害化处理前后指示微生物及粪大肠菌值的变化。

天津市奶牛养殖场粪污的主要处理方式为固液分离，将固体粪便进行晾晒后作为卧床垫料，其无害化处理前后指示微生物浓度如表 4-13 所示。在未进行晾晒前牛粪中总大肠菌群的浓度为 $4.96 \times 10^6 \sim 5.83 \times 10^7$ MPN/g，无害化处理后总大肠菌群的浓度下降至 $1.21 \times 10^4 \sim 3.08 \times 10^6$ MPN/g，总大肠菌群的去除率在 94.72%～99.76%，处理前后的总大肠菌群浓度存在显著差异。在未进行晾晒前牛粪中的粪大肠菌群浓度为 $4.73 \times 10^6 \sim 3.18 \times 10^7$ MPN/g，经过晾晒后粪大肠菌群的浓度下降至 $1.00 \times 10^4 \sim 2.19 \times 10^6$ MPN/g，去除率在 90% 以上，处理前后牛粪中粪大肠菌群浓度差异有统计学意义（$p < 0.05$）；同样地，处理后牛粪中大肠埃希氏菌的浓度也明显降低，其差异有统计学意义（$p < 0.05$）。

表 4-13　牛粪无害化处理前后指示微生物浓度

| 粪便类型 | 总大肠菌群/（MPN/g） | 粪大肠菌群/（MPN/g） | 大肠埃希氏菌/（MPN/g） | 粪大肠菌值 |
|---|---|---|---|---|
| 处理前 | $4.96 \times 10^6 \sim 5.83 \times 10^7$ | $4.73 \times 10^6 \sim 3.18 \times 10^7$ | $3.09 \times 10^6 \sim 2.23 \times 10^7$ | $3.14 \times 10^{-8} \sim 3.58 \times 10^{-7}$ |
| 处理后 | $1.21 \times 10^4 \sim 3.08 \times 10^{6**}$ | $1.00 \times 10^4 \sim 2.19 \times 10^{6**}$ | $2.00 \times 10^3 \sim 5.34 \times 10^{5**}$ | $4.57 \times 10^{-7} \sim 8.26 \times 10^{-5**}$ |

$**p < 0.01$。

（3）猪粪无害化处理前后指示微生物及粪大肠菌值的变化。

在进行调研的 3 家生猪养殖场中有 2 家对猪粪进行了固液分离，将固液分离后的粪便售卖给农户进行还田。猪粪无害化处理前后指示微生物浓度如表 4-14 所示。固液分离前猪粪中粪大肠菌群的浓度为 $1.82 \times 10^7 \sim 5.17 \times 10^9$ MPN/g，固液分离后猪粪中粪大肠菌群的浓度下降至 $1.10 \times 10^6 \sim 4.88 \times 10^8$ MPN/g，去除率在 90.56%～93.95%，处理前后的粪大肠菌群浓度差异有统计学意义（$p < 0.05$）。处理前猪粪中总大肠菌群和大肠埃希氏菌的浓度分别为 $2.00 \times 10^7 \sim 6.49 \times 10^9$ MPN/g、$1.00 \times 10^7 \sim 4.35 \times 10^9$ MPN/g，处理后总大肠菌群和大肠埃希氏菌的浓度分别为 $5.20 \times 10^6 \sim 6.49 \times 10^8$ MPN/g 和 $3.10 \times 10^5 \sim 3.26 \times 10^8$ MPN/g，处理前后总大肠菌群与大肠埃希氏菌的浓度差异有统计学意义（$p < 0.05$）。粪大肠菌值在处理前为 $1.93 \times 10^{-10} \sim 3.33 \times 10^{-8}$，经过无害化处理后增加至 $2.05 \times 10^{-9} \sim 9.09 \times 10^{-7}$，其差异有统计学意义（$p < 0.05$），但仍不符合无害化处理要求，无害化处理效果不佳。

表4-14　猪粪无害化处理前后指示微生物浓度

| 粪便类型 | 总大肠菌群/<br>（MPN/g） | 粪大肠菌群/<br>（MPN/g） | 大肠埃希氏菌/<br>（MPN/g） | 粪大肠菌值 |
|---|---|---|---|---|
| 处理前 | $2.00\times10^7\sim6.49\times10^9$ | $1.82\times10^7\sim5.17\times10^9$ | $1.00\times10^7\sim4.35\times10^9$ | $1.93\times10^{-10}\sim3.33\times10^{-8}$ |
| 处理后 | $5.20\times10^6\sim6.49\times10^{8***}$ | $1.10\times10^6\sim4.88\times10^{8***}$ | $3.10\times10^5\sim3.26\times10^{8***}$ | $2.05\times10^{-9}\sim9.09\times10^{-7***}$ |

**$p<0.01$。

2）应用效果

常规指示微生物检测技术依赖于实验室检测设备和复杂的试剂配方，不能满足粪便中指示微生物现场检测的需求。作者基于酶底物检测技术、微环境温度控制系统及机器视觉技术，试制了包括微生物现场检测箱、培养箱和可视化判读仪在内的指示微生物现场检测系列设备，并于2018年12月至2019年2月对生猪、奶牛、蛋鸡3个畜种的81个粪便样品进行了指示微生物丰度调查，发现采用指示微生物现场检测设备能够在现场直接完成指示微生物的检测工作，其检测结果与平板计数方法相比无统计学差异，是一种可用于粪便中指示微生物（总大肠菌群、大肠埃希氏菌和粪大肠菌）含量现场检测的新设备。

5. 应用范围

本技术应用于天津市集约化奶牛养殖场粪污中指示微生物（粪大肠菌群和大肠埃希氏菌）含量的现场快速检测。

# 参 考 文 献

蔡辛娟，2021. 基于非洲猪瘟背景下养猪场生物安全防控评价研究[D]. 北京：北京农学院.

陈春琳，徐永洞，王子涵，等，2021. 北京市规模化奶牛场粪污综合管理模式分析：以北京延庆区大地群生养殖专业合作社为例[J]. 中国乳业（11）：130-136.

陈坤，赵聪芳，李裕元，等，2020. 三种秸秆材料处理养猪废水除磷效果及磷形态变化特征研究[J]. 农业现代化研究，41（3）：530-538.

陈润璐，冯晶，赵立欣，等，2020. 我国北方地区规模化奶牛场粪污污染防治模式评价[J]. 安徽农业科学，48（23）：234-238.

程春霞，2009. 利用猪的生物学特性和行为特点提高养猪业经济效益[J]. 农业技术与装备（16）：35-36，38.

崔有为，冀思远，卢鹏飞，等，2015. F/F 对嗜盐污泥以乙酸钠为底物生产 PHB 能力的影响[J]. 化工学报，66（4）：1491-1497.

董红敏，2017. 力推肥料化和能源化利用 破解畜禽粪污治理难题[J]. 北方牧业（16）：4，8.

河北农业大学，2019. 一种禽舍有害气体传感器在线校准标定装置：201821133404[P]. 2019-01-11.

河北农业大学，2020. 一种用于禽舍有害气体的在线监控系统及其监控方法：201810674893[P]. 2020-03-10.

贾立松，韩华，魏传祺，等，2017. 刮粪板清粪系统在现代化猪场的应用[J]. 当代畜牧（2）：53-55.

贾倩倩，2013. 复合菌群利用模拟污泥水解液合成聚羟基脂肪酸酯的研究[D]. 北京：清华大学.

江晓丽，2017. 奶牛隐形乳房炎的防治[J]. 中兽医学杂志（1）：37.

姜海，白璐，雷昊，等，2016. 基于效果-效率-适应性的养殖废弃物资源化利用管理模式评价框架构建及初步应用[J]. 长江流域资源与环境，25（10）：1501-1508.

蒋磊，郭宁宁，刘铭羽，等，2021b. 基于秸秆材料的生物基质系统对养殖废水污染物去除效果研究[J]. 农业现代化研究，42（2）：263-274.

蒋磊，刘铭羽，李希，等，2021a. 曝气对生物基质技术处理养殖废水脱氮除磷效果的影响特征及机理[J]. 水处理技术（9）：71-76.

李朝州，李志双，周清玲，等，2017. 微生态发酵床在高架床养猪中的应用[J]. 当代畜禽养殖业（10）：7-8.

李丹阳，靳红梅，吴华山，2019. 畜禽养殖废弃物养分管理决策支持系统研究及应用[J]. 中国农业资源与区划，40（5）：21-30.

李红，2020. 牛羊养殖环境污染问题与防控措施[J]. 畜牧兽医科学（16）：130-131.

李鸿志，刘素华，张胜利，等，2021. 挤奶设备新型清洗系统和废水处理技术模式初探[J]. 北方牧业（9）：27-28.

李季，王同心，姚卫磊，等，2017. 畜禽舍氨气排放规律及对畜禽健康的危害[J]. 动物营养学报，29（10）：3472-3481.

李梦婷，孙迪，牟美睿，等，2020. 天津规模化奶牛场粪水运移中氮磷含量变化特征[J]. 农业工程学报，36（20）：27-33.

李宁，2018. 畜禽粪污处理模式国内外研究综述[J]. 现代畜牧兽医（5）：50-54.

李巧巧，2014. 畜禽养殖环境承载力核定方法研究[D]. 长沙：湖南农业大学.

李厅厅，阮蓉丹，蒲施桦，等，2019. 猪舍氨气防控措施研究进展[J]. 中国畜牧杂志，55（9）：5-10.

李璇，2012. 水环境约束下洱海流域农业结构调整研究[D]. 武汉：华中师范大学.

李裕元，李希，孟岑，等，2021. 我国农村水体面源污染问题解析与综合防控技术及实施路径[J]. 农业现代化研究，42（2）：185-197.

梁雨，邱志刚，李辰宇，等，2019. 冬季天津典型集约化畜禽养殖场粪便微生物污染调查[J]. 环境与健康杂志，36（7）：595-598.

梁雨，邱志刚，李辰宇，等，2020. 冬季天津典型集约化畜禽养殖场粪便抗性基因物种归属关系研究[J]. 环境与健康杂志，37（2）：130-133，91.

刘铭羽，夏梦华，李远航，等，2019. 3 种基质材料对高浓度养殖废水处理效果及降解过程[J]. 环境科学，40（8）：

3650-3659.

刘茹飞, 陈刚, 王明超, 等, 2017. 我国典型禽畜粪便资源化技术研究[J]. 再生资源与循环经济, 10 (3): 37-40.

刘秀婷, 杨亮, 赵许可, 等, 2013. 不同清粪模式对保育猪生产性能和舍内环境指标的影响[J]. 中国畜牧杂志, 49 (6): 45-50.

刘莹, 2019. 混合菌群利用粗甘油合成聚羟基烷酸酯 (PHA) 的研究[D]. 哈尔滨: 哈尔滨工业大学.

刘玉魁, 2016. 真空工程设计[M]. 北京: 化学工业出版社.

刘梓函, 2017. 苏州市畜禽养殖业空间布局优化研究[D]. 苏州: 苏州科技大学.

罗娟, 赵立欣, 姚宗路, 等, 2020. 规模化养殖场畜禽粪污处理综合评价指标体系构建与应用[J]. 农业工程学报, 36 (17): 182-189.

马双双, 2020. 功能膜覆盖畜禽粪便好氧堆肥温室气体产排特性及机理研究[D]. 北京: 中国农业大学.

毛益林, 2021. 畜禽粪污好氧堆肥处理技术分析[J]. 广东蚕业, 55 (4): 71-72.

莫明刚, 2018. 规模养殖场选址应具备的条件[J]. 今日畜牧兽医, 34 (4): 56.

农业部, 2000. 畜禽场环境质量标准: NY/T 388—1999[S]. 北京: 中国标准出版社.

农业农村部环境保护科研监测所, 天津农学院, 2020. 奶牛场粪水氮磷的测定近红外漫反射光谱法: DB12/T 955—2020[S]. 天津: 天津市市场监督管理委员会.

蒲施桦, 李厅厅, 王浩, 等, 2019. 畜禽养殖污染气体监测技术综述[J]. 农业环境科学学报, 38 (11): 2439-2448.

蒲施桦, 龙定彪, 黄开佩, 等, 2018. 育肥猪舍内空气污染物排放规律研究[J]. 黑龙江畜牧兽医, 51 (11): 41-47, 51.

乔书玲, 2019. 畜牧业环境污染的问题及对策[J]. 今日畜牧兽医, 35 (10): 73.

乔艳, 胡诚, 张智, 等, 2021. 有机肥中氨基酸废料添加量的安全阈值研究[J]. 农学学报, 11 (9): 24-27.

秦林, 李鑫, 2021. 挤奶系统清洗要点及故障排查[J]. 中国奶牛 (11): 55-58.

秦智勇, 2019. 浅谈规模养殖场非洲猪瘟防控生物安全体系建设[J]. 畜牧兽医科技信息 (2): 4-5.

仇焕广, 廖绍攀, 井月, 等, 2013. 我国畜禽粪便污染的区域差异与发展趋势分析[J]. 环境科学, 34 (7): 2766-2774.

冉依禾, 郭亮, 刘一平, 等, 2017. 不同比例乙酸和丙酸对活性污泥微生物合成聚羟基脂肪酸酯的影响[J]. 环境工程学报, 11 (2): 1276-1280.

沈根祥, 钱晓雍, 梁丹涛, 等, 2006. 基于氮磷养分管理的畜禽场粪便匹配农田面积[J]. 农业工程学报 22 (S2): 268-271.

盛欣英, 2012. 以剩余污泥为原料合成聚羟基脂肪酸酯的研究[D]. 济南: 山东大学.

石惠娴, 吕涛, 朱洪光, 等, 2014. 猪粪流变特性与表观粘度模型研究[J]. 农业机械学报, 45 (2): 188-193.

双丽莎, 2014. 福州市畜禽养殖空间布局及污染治理研究[D]. 福州: 福建师范大学.

孙晓曦, 2020. 功能膜覆盖好氧堆肥系统研发与性能试验研究[D]. 北京: 中国农业大学.

王方浩, 王雁峰, 马文奇, 等, 2008. 欧美国家养分管理政策的经验与启示[J]. 中国家禽, 30 (4): 57-58.

王丽莎, 李希, 李裕元, 等, 2021. 亚热带丘陵区绿狐尾藻人工湿地处理养猪废水氮磷去向[J]. 环境科学, 42 (3): 1433-1442.

王强, 邵丹, 童海兵, 等, 2017. 不同清粪模式对鸡舍环境质量及鸡粪成分的影响[J]. 贵州农业科学, 45 (1): 87-90.

王甜甜, 2012. 畜禽养殖环境承载力指标体系构建、量化及预测研究[D]. 北京: 中国农业科学院.

王星, 张良, 袁海荣, 等, 2021. 猪粪在管道抽吸过程中的非牛顿流体流动阻力特性[J]. 环境工程学报, 15 (1): 368-374.

王秀锦, 2014. 混合菌群利用污泥水解液合成聚羟基脂肪酸酯的研究[D]. 北京: 清华大学.

王湛, 葛园, 王茂才, 2021. 无滗水器 SBR 工艺在挤奶厅废水回用项目上的设计与应用[J]. 中国奶牛 (8): 57-62.

夏梦华, 刘铭羽, 郭宁宁, 等, 2020. 美人蕉、梭鱼草和黄菖蒲人工湿地系统对养猪废水的脱氮特征研究[J]. 生态与农村环境学报, 36 (8): 1080-1088.

谢一涵, 方茜, 刘煜, 等, 2020. 剩余污泥在微氧条件下利用 VFAs 合成 PHAs 的工况优化[J]. 环境工程学报, 14 (4): 1052-1058.

徐亮, 吴文东, 于学武, 2015. 养殖建场选址若干条件简析[J]. 吉林畜牧兽医, 36 (12): 90-91.

许俊香，孙钦平，李钰飞，等，2021. 规模化蛋鸡养殖粪污污染防治技术模式研究[J]. 江苏农业科学，49（2）：115-119.

宣梦，许振成，吴根义，等，2018. 我国规模化畜禽养殖粪污资源化利用分析[J]. 农业资源与环境学报，35（2）：126-132.

叶磊，李希，田日昌，等，2020. 不同植物组合人工湿地中磷去向特征研究[J]. 农业环境科学学报，39（10）：2409-2419.

于佳动，赵立欣，冯晶，等，2019. 序批式秸秆牛粪混合厌氧干发酵过程物料理化及渗滤特性[J]. 农业工程学报，35（20）：228-234.

于佳动，赵立欣，姚宗路，等，2021. 我国集约化奶牛养殖场粪污污染综合防治全链条技术模式评价[J]. 中国乳业（11）：12-22.

曾维华，解钰茜，王东，等，2020. 流域水环境承载力预警技术方法体系[J]. 环境保护，48（19）：9-16.

张倩，2020. 食品企业清洗剂的选择[J]. 食品安全导刊（34）：20-21.

赵聪芳，陈坤，李希，等，2020. 利用秸秆材料处理养殖废水过程中的氮转化与氨排放特征[J]. 环境工程学报，14（4）：993-1002.

赵润，牟美睿，王鹏，等，2019. 基于近红外漫反射光谱的规模化奶牛场粪水氮磷定量分析及模型构建[J]. 农业环境科学学报，38（8）：1768-1776.

赵许可，2014. 规模猪场不同清粪方式对猪生产性能、舍内环境、粪污排放的影响[D]. 杭州：浙江大学.

郑床木，毛雪飞，刘霁欣，2018. 农业面源和重金属污染检测技术设备研发与标准研制[J]. 中国环境管理，10（5）：111-112.

朱海生，2007. 生长育肥猪氨气排放及模型的研究[D]. 北京：中国农业科学院.

朱丽媛，卢庆萍，张宏福，等，2015. 猪舍中氨气的产生、危害和减排措施[J]. 动物营养学报，27（8）：2328-2334.

朱宁，马骥，2013. 我国畜禽养殖场废弃物来源、处理方式及处理难度评估：以蛋鸡养殖场为例[J]. 中国畜牧杂志，49（24）：60-63.

朱宁，秦富，2014. 畜禽粪便清理对规模养殖场生产效率的影响分析：以蛋鸡规模养殖户为例[J]. 农业技术经济（5）：4-12.

邹晨昕，赵冬萍，徐新悦，等，2019. 基于氮平衡的盐城市畜禽养殖环境承载力分析[J]. 生态科学（4）：169-177, 193.

AMIN F R, KHALID H, EI-MASHAD H M, et al., 2020. Functions of bacteria and archaea participating in the bioconversion of organic waste for methane production[J]. Science of the total environment, 763(10): 143007.

CAROLINA F, 2019. Methods for the treatment of cattle manure-a review[J]. C–Journal of carbon research, 5(2): 27.

CHEN L, LEI Z, YANG S, et al., 2017. Application of portable tungsten coil electrothermal atomic absorption spectrometer for the determination of trace cobalt after ultrasound-assisted rapidly synergistic cloud point extraction[J]. Microchemical journal(130): 452-457.

CHEN R, LI Z, FENG J, et al., 2020. Effects of digestate recirculation ratios on biogas production and methane yield of continuous dry anaerobic digestion[J]. Bioresource technology(316): 123963.

DE S, BEZUGLOV A, 2006. Data model for a decision support in comprehensive nutrient management in the United States[J]. Environmental modelling & software, 21(6): 852-867.

DE S, KLOOT R W, COVINGTON E, et al., 2004. AFOPro: A nutrient management decision support system for the United States[J]. Computers and electronics in agriculture(43): 69-76.

DOMINGOS J M B, PUCCIO S, MARTINEZ G A, et al, 2018. Cheese whey integrated valorisation: Production, concentration and exploitation of carboxylic acids for the production of polyhydroxyalkanoates by a fed-batch culture[J]. Chemical engineering journal, 336: 47-53.

FANG C, YIN H J, HAN L J, et al., 2021. Effects of semi-permeable membrane covering coupled with intermittent aeration on gas emissions during aerobic composting from the solid fraction of dairy manure at industrial scale[J]. Waste management(131): 1-9.

FANG C, ZHOU L, LIU Y, et al., 2022. Effect of micro-aerobic conditions based on semipermeable membrane-covered on greenhouse gas emissions and bacterial community during dairy manure storage at industrial scale[J]. Environmental pollution(299): 118879.1-118879.9.

HARRISON J D, KANADE S K, TONEY A H, 2004. Agriculture environmental management information system: An online decision support tool[J]. Journal of extension, 42(1): 9-19.

HERRERO M, THORNTON P K, 2013. Livestock and global change: Emerging issues for sustainable food systems[J]. Proceedings of the national academy of sciences of the United States of America, 110(52): 20878-20881.

HOOVER N, LAW J, LONG L, et al., 2019. Long-term impact of poultry manure on crop yield, soil and water quality, and crop revenue[J]. Journal of environmental management, 252(15): 109582.

LI C Y, XUE B, SHANG W, et al., 2021a. An innovative digestion method: Ultrasound-assisted electrochemical oxidation for the onsite extraction of heavy metal elements in dairy farm slurry[J]. Materials(16): 4562.

LI X, LI Y Y, LI Y, et al., 2020a. Myriophyllum elatinoides growth and rhizosphere bacterial community structure under different nitrogen concentrations in swine wastewater[J]. Bioresource technology(301): 122776.

LI X, LI Y Y, LV D Q, et al., 2020b. Nitrogen and phosphorus removal performance and bacterial communities in a multi-stage surface flow constructed wetland treating rural domestic sewage[J]. Science of the total environment(709): 136235.

LI X, LI Y Y, WU J S, 2021b. Bacterial community response to different nitrogen gradients of swine wastewater in surface flow constructed wetlands[J]. Chemosphere(265): 129106.

LIU C Y, WEI B C, DAI Z Q, et al., 2020. Methane production from Pennisetum giganteum Z.X.Lin during anaerobic digestion[J]. Journal of biobased materials and bioenergy, 14(2): 258-264.

MA S S, XIONG J P, CUI R X, et al., 2020. Effects of intermittent aeration on greenhouse gas emissions and bacterial community succession during large-scale membrane-covered aerobic composting[J]. Journal of cleaner production, 266(1), 121551.

MARTINEZ J, GUIZIOU F, PEU P, et al., 2003. Influence of treatment techniques for pig slurry on methane emissions during subsequent storage-sciencedirect[J]. Biosystems engineering, 85(3): 347-354.

NING Z F, ZHANG H, LI W W, et al., 2018. Anaerobic digestion of lipid-rich swine slaughterhouse waste: Methane production performance, long-chain fatty acids profile and predominant microorganisms[J]. Bioresource technology(269): 426-433.

O'LEARY G, LIU D, MA Y, et al., 2016. Modelling soil organic carbon1. Performance of APSIM crop and pasture modules against long-term experimental data[J]. Geoderma: An international journal of soil science(264): 227-237.

PITTMANN T, STEINMETZ H, 2013. Influence of operating conditions for volatile fatty acids enrichment as a first step for polyhydroxyalkanoate production on a municipal waste water treatment plant[J]. Bioresource technology, 148: 270-276.

POTEKO J, ZAHNER M, STEINER B, et al., 2018. Residual soiling mass after dung removal in dairy loose housings: effect of scraping tool, floor type, dung removal frequency and season[J]. Biosystems engineering(170): 117-129.

PU S H, RONG X, ZHU J M, et al., 2021. Short-term aerial pollutant concentrations in a southwestern China pig-fattening house[J]. Atmosphere, 12(1): 103.

ROTZ C A, BLACK R, BUCKMASTER D, 1989a. DAFOSYM: A model of the dairy forage system[J]. Journal of production agriculture(2): 83-91.

ROTZ C A, BUCKMASTER D, BLACK R, 1989b. DAFOSYM: A dairy forage system model for evaluating alternatives in forage conservation[J]. Journal of dairy science(72): 3050-3063.

SAVOIE P, PARSCH L D, ROTZ C A, et al., 1985. Simulation of forage harvest and conservation on dairy farms[J]. Agricultural systems, 17(2): 117-131.

SHEN J, ZHAO C, LIU Y, et al., 2019. Biogas production from anaerobic co-digestion of durian shell with chicken, dairy, and pig manures[J]. Energy conversion and management(198): 110535.

SHEPHERD M, PHILLPPS L, WEBB J, 2002. Tools for managing manure nutrients[C]//Organic Centre Wales, Institute of Rural Studies. Proceedings of the UK Organic Research Conference. Aberystwyth: University of Wales Aberystwyth.

SPRAGUE R H, 1980. A framework for the development of decision support systems[J]. MIS quarterly, 4(4): 1-26.

SU Y Y, JACOBSEN C, 2021. Treatment of clean in place (CIP) wastewater using microalgae: Nutrient upcycling and value-added byproducts production[J]. Since of the total environment(785): 147337.

VALENTINO F, RICCARDI C, CAMPANARI S, et al, 2015. Fate of β-hexachlorocyclohexane in the mixed microbial cultures (MMCs) three-stage polyhydroxyalkanoates (PHA) production process from cheese whey[J]. Bioresource technology, 192: 304-311.

WANG P, ZHAO R, SUN D, et al., 2021. Rapid quantitative analysis of nitrogen and phosphorus through the whole chain of manure management in dairy farms by fusion model[J]. Spectrochimica acta part a: Molecular and biomolecular spectroscopy(249): 119300.

ZHANG Z, LIU D, QIAO Y, et al., 2021. Mitigation of carbon and nitrogen losses during pig manure composting: A meta-analysis[J]. Science of the total environment(783): 147103.